PERFORMANCE ADDICTION

厌"卷"

Arthur P. Ciaramicoli, Ed.D., Ph.D.
[美]亚瑟·乔拉米卡利 著

薛玮 译

中信出版集团｜北京

图书在版编目（CIP）数据

厌"卷"/（美）亚瑟·乔拉米卡利著；薛玮译. -- 北京：中信出版社，2023.10
书名原文：PERFORMANCE ADDICTION：the dangerous new syndrome and how to stop it from ruining your life
ISBN 978-7-5217-5852-8

Ⅰ.①厌… Ⅱ.①亚…②薛… Ⅲ.①心理学－通俗读物 Ⅳ.①B84-49

中国国家版本馆CIP数据核字（2023）第119595号

PERFORMANCE ADDICTION: THE DANGEROUS NEW SYNDROME AND HOW TO STOP IT FROM RUINING YOUR LIFE by Arthur P. Ciaramicoli, Ed.D., Ph.D.
Copyright © 2004 by ARTHUR CIARAMICOLI
Permission for quoted material on pp. 95, 96, and 105 granted by Random House, Inc; from *A General Theory of Love*, by Thomas Lewis, Fari Amini, and Richard Lannon, copyright 2000.
Permission for quoted material on pp. 177 granted by Oxford University Press; from *Calm Energy: How People Regulate Mood with Food and Exercise*, by Robert E. Thayer, copyright 2001.
This edition arranged with Dystel, Goderich & Bourret LLC through BIG APPLE AGENCY, LABUAN, MALAYSIA.
Simplified Chinese translation copyright © 2023 by CITIC Press Corporation
ALL RIGHTS RESERVED
本书仅限中国大陆地区发行销售

厌"卷"

著者：[美]亚瑟·乔拉米卡利
译者：薛玮

出版发行：中信出版集团股份有限公司
（北京市朝阳区东三环北路27号嘉铭中心 邮编 100020）

承印者：北京联兴盛业印刷股份有限公司

开本：880mm×1230mm 1/32　印张：8.25　字数：178千字
版次：2023年10月第1版　印次：2023年10月第1次印刷
京权图字：01-2023-3467　书号：ISBN 978-7-5217-5852-8
定价：52.00元

版权所有·侵权必究
如有印刷、装订问题，本公司负责调换。
服务热线：400-600-8099
投稿邮箱：author@citicpub.com

谨以此书献给我们的小组成员:
但愿世界上的每一个人都能像你们一样诚实、正直、无畏。

我们通常会根据薪酬和汽车的价格来衡量自己是否成功，而不是根据我们对社会的贡献以及与他人的关系。

——马丁·路德·金

目录

引 言   1

第一章   什么是成就成瘾？   5
你是否也被成就成瘾困扰？   7
为什么会成就成瘾？   10
自我评估：成就成瘾程度测试   10

第二章   一种永远无法获得的满足感   17
你有哪些成就成瘾的迹象？   22
来自童年的不满足感   24
回到源头的"案发现场"   25
跨越阶级的渴望与内心的冲突   27
完美主义倾向令人疲惫不堪   30
被批判的孩子会成长为无助的大人   32
两个成就成瘾者的婚姻   33
赚钱不会让人不快乐，只顾着赚钱才会   34
拥有的越多，就会越幸福吗？   35
心流：在过程中获得满足感   38
【工具箱1：区分基于成就成瘾的愿望与真正的愿望】   40

第三章　直面内心的冲突，认识真正的自己　43
我们内心深处的另一个声音　46
每个人都有一面观察自己的镜子　48
与内在的自己和解　59

第四章　重返"案发现场"：人一生都在治愈童年　61
找到反复困扰自己的固化反应　65
你的"案发现场"在哪里？　66
别人不认可你，不是你的错　70
多关注自己的闪光之处　72
你天生不凡吗？　75
你的父母把养育你当作一种投资吗？　77
你原本想成为怎样的人？　79
改变固化反应　81
打破迷思　83
【工具箱2："案发现场"的五个启示】　84

第五章　成就成瘾影响下的爱情观：什么是真正的爱？　89
你会被什么样的人吸引？　94
写进大脑边缘系统的爱的标准　96
对于错误的人，我们为何不肯放手　98
执着于性生活方面的表现，也是一种成就成瘾？　100
什么是真正的爱？　103
爱具体的人而非抽象的人　105
在共情中获得成熟的爱　108
适合比完美更重要　111

【工具箱3：图像之爱的三个启示】　　　　　　　　　　　113

第六章　成就成瘾影响下的事业观：不甘平凡，向上流动　　117
跨越阶级、向上流动的神话　　　　　　　　　　　　　120
不甘平凡，向上攀登　　　　　　　　　　　　　　　　122
一定要与众不同吗？　　　　　　　　　　　　　　　　126
接受真实的自己　　　　　　　　　　　　　　　　　　131
共情的力量　　　　　　　　　　　　　　　　　　　　135
成就的陷阱　　　　　　　　　　　　　　　　　　　　136
【工具箱4：列出你的快乐清单与成就清单】　　　　　　138

第七章　成就成瘾影响下的自我价值感：
　　　　　容貌焦虑如何毁掉我们的自信　　　　　　　141
过度节食与成就成瘾　　　　　　　　　　　　　　　　144
日益苛刻的身材标准　　　　　　　　　　　　　　　　145
容貌焦虑　　　　　　　　　　　　　　　　　　　　　147
对减肥的执念　　　　　　　　　　　　　　　　　　　148
你是发自内心地想要健身吗？　　　　　　　　　　　　150
迎合世俗的标准令人压力倍增　　　　　　　　　　　　151
为健康，还是为美？　　　　　　　　　　　　　　　　153
好身材不是被爱的前提　　　　　　　　　　　　　　　155
获得"平静的能量"　　　　　　　　　　　　　　　　157
【工具箱5：关于容貌的六个写作练习】　　　　　　　　157

第八章　成就成瘾者的观念：只能成功，不能犯错　　161
只赢不输的制胜法宝　　　　　　　　　　　　　　　　164

在平凡中寻找不凡 165
完美偶像的泡影 170
成功的代价 171
缺乏爱的能力 172
完美主义的信徒 175
张弛有度 176
通过共情获得治愈 178
【工具箱6：关于工作的四个写作练习】 180

第九章 摆脱成就成瘾，体验生活的意义与乐趣 183
找到真正重要的东西 186
你是在谋生还是在生活？ 193
不要用对待工作的态度体验生活 195
享受松弛感 198
【工具箱7：寻找意义的三个写作练习】 200

第十章 成就成瘾的后果：焦虑的家长与不自信的孩子 203
成就成瘾的代际传递 206
哈佛学子幸福吗？ 209
不被真正看见的孩子 210
被工作侵占的亲子时光 213
如何让改变发生 215
孩子也是我们的老师 216
重塑幸福的观念 218
【工具箱8：处理家庭关系的五个启示】 219

第十一章　通往幸福之路：平衡工作与生活　　　　*223*

成功摆脱成就成瘾的故事　　　　*228*

在悲伤中成长　　　　*238*

成为终身学习者　　　　*239*

【工具箱9：制订摆脱成就成瘾的规划】　　　　*241*

致　谢　　　　*243*

延伸阅读　　　　*247*

引 言

能者的诅咒

　　成就成瘾是个难以捉摸的问题。刚开始进行临床研究时,我告诉同事,我觉得这很可能是对能者的诅咒。他立即回应道:"要是你打算成立研究小组,也算我一个!"在接下来的几年里,我与那些成就成瘾的来访者一起想办法解决他们的问题,同事常说这就是对能者的诅咒,他显然也认同我这个说法。

　　从某些方面来看,这个描述确实很恰当。像诅咒一样,成就成瘾是以文化为基础的;像诅咒一样,成就成瘾可以代代相传;像诅咒一样,成就成瘾可以改变我们对别人的看法,特别是对权威人物——我们会认为他们具有超人般的神秘力量。

　　那为什么是"能者"呢?因为我的大多数来访

者都可以用这个词形容，而我最开始就是从他们身上发现成就成瘾问题的。他们与我在本书中描述的许多人一样，具有很多优点，因此在专业领域和公共领域备受推崇。他们不仅是实干家，而且举手投足之间都显得卓尔不群。可我在每周与这些人在小组活动中会面时注意到，尽管能力非凡，他们却似乎总在贬低自己的成就与外表。

　　他们会给自己打分。每天他们都会盘点一下，自己今天的表现是好还是差，看上去是有魅力还是令人厌恶。男性似乎满脑子想的都是要挣到更多的金钱，获得更高的地位和更有声望的职位。女性则对外表非常在意，那似乎是她们通往幸福之地的入场券。至于那些不受性别角色所限的人，无论男女，获得成就的标准甚至会更加苛刻——女人不仅想变得漂亮，还想在职场上出类拔萃；男人则野心勃勃地想成为公司总裁，同时也极其关注自己的外在形象。

　　我问自己：这些人怎么就看不到自己真正的才能呢？无论是全心全意照顾家人的家庭主妇、事事追求完美的教师、白手起家的企业家、才华横溢的音乐家，还是聪慧过人的研究人员，他们似乎都严重低估了自己的能力，也就是说，他们对自己价值的认可是转瞬即逝的。仿佛任何东西都无法让他们拥有持久的价值感。他们每天都迫切地想要证明些什么，而每项任务本身都不会让他们感到快乐，只有达成了才可以。比如有位来访者就跟我说了一句大家都耳熟能详的话："决定一个人价值的是他最近一次的表现，医生。"

　　在与成就成瘾者共处的过程中我也清楚地看到，成就成瘾不分年龄和性别。在年龄段为27—36岁的小组中，大家会频繁讨论成就成瘾这个话题；在年龄段为37—46岁的小组中，这个问题仍然存在，而且同样突出；而年龄段为50多岁到70多岁的成就成瘾者要做的是处理成就成瘾造成的后果。无一例外，这些人工作都很出色，也很成功，可无论是处于哪个年龄段，他们都在承受同样的痛苦——他们总觉得自己缺少些什么。

我会问他们："你真正想要的是什么？"大家的答案最终都指向一个方向。他们说想更好地掌控自己的人生，实现自己设定的目标，修复婚姻，激励孩子，拥有更豪华的房子，让自己更漂亮/英俊。他们非常渴望知名度、财富、荣耀与魅力，却又难以企及，这通常是他们最开始讨论的焦点。但如果我们更仔细地观察和更深入地探究，他们就会承认自己也有更根本的渴望：爱和尊重。

这时我意识到，这些人拥有一种自己的信仰。如果你进一步阅读本书并了解书中所描述的人，你会看到，这种信仰非常普遍，会影响到我们生活的方方面面。在这些人看来，任何行为都是非好即坏、非对即错，要么可接受，要么不可接受的。那些认同成就成瘾的迷思的人也是如此。他们并不想伤害自己或他人。事实上，那些最容易受这一信仰影响的人，往往是最能干、最出于好意、最需要关注的人。

最近有位来访者是这么说的："我觉得我什么都能想明白，可就是不明白自己为什么要这么努力。我怎么也没想到，追求成就也能成瘾。"他还告诉我，每周五接受小组治疗时，他都会感到从未有过的平静。通过与其他人在一起谈论关于他们信仰的迷思，他终于清楚地认识到了一直以来他所面对的难题："我永不停歇，凡事都全力以赴、追求完美。我因为害怕自己做得不够好，所以不敢放慢脚步。"

讨论小组帮助他解除了能者的诅咒，希望这本书也能帮你解除诅咒。阅读这本书不需要任何门槛，读完也不会有人给你发奖状，但它也许能帮助你掌握一些技能去理解成就成瘾并应对其后果。在这个过程中，我相信你会重新发现生命中重要而有意义的时刻——你和最亲近的人在一起的寻常时刻。

第一章

什么是成就成瘾?

你是否觉得你的人生正在遭遇危机？每天我都会碰到这样的人：他们比父母、祖父母的收入更高，住得更舒适，受过更好的教育，但他们不快乐，而且，这种不快乐似乎与他们所处的社会环境或他们的经济条件并无关联。问题出在其他地方。

他们在各方面都顺风顺水，却又能感觉到"能者的诅咒"：他们永远没时间做自己想做的事。对他们而言，工作成了一种重负，会不断地向他们提出要求。最糟糕的是，他们觉得与那些本应该最亲近的人很疏远：父母、朋友、伴侣和孩子。而且，能力越强，他们越容易陷入这样一个旋涡：感觉时间越来越少，而要做的事越来越多。

你是否也是如此？如果是，那是因为什么呢？你又能为此做些什么呢？

你是否也被成就成瘾困扰？

简而言之，成就成瘾就是一种信念：你相信只要拥有完美的外表，只要获得一定的社会地位，别人就一定会爱你、尊重你。在当今时代，究竟有没有人能对成就成瘾完全免疫，我表示怀疑。大多数人都会自觉或不自觉地认为，卓越的成就是获得爱和尊重的稳妥途径。我们之所以会这样看待世界，认为成就一定会带来回报，一是家庭教育的作用，二是文化强化的结果。可难道看待世界的方式只有这一种吗？卓越的成就真的能让我们得到自己所追求的东西吗？

在过去大概25年的时间里，作为一名临床心理学家、教师和咨询师，我有独特的优势，能观察到成就成瘾的方方面面及其对年轻人和老年人的影响。我的来访者包括来自波士顿名牌大学的本科生和研究生。我发现，人们几乎不假思索地认为，哈佛大学、麻省理工学院和波士顿学院的学生肯定是好学生的代表，成绩优异，表现卓越，并且热衷于追求个人成功，对自己的未来充满信心。但现实远非如此。他们中的许多人被寄予了厚望，因此深感压抑。他们也会觉得自己能力不足，这让他们非常痛苦。他们对自己的成就相当不满，与父母和同龄人的关系也比较疏远。我经常感到沮丧，因为我发现这些学生的成瘾行为模式已经根深蒂固。

作为一名临床心理学家，我的职业生涯也为我提供了另一种视角，因为我服务的是波士顿形形色色的来访者——从高中生到各个年龄层的成年人。我是一名咨询心理学家，也是一名私人医生，我的诊所在波士顿郊区，我的来访者包括教师、护士、社会工作者、建筑工人、园艺师、大学生、高中生运动员、全职妈妈、会计师、言语治疗师、中层管理者、工程师、销售、退休人员、技术写作人员、牧师、神父、修女、拉比、商场经理、音乐家、模特、电台主持人、人力资源管理人员和辅导员，还有CEO（首席执行官）、律师和投资银行家。

我强调来访者的多样性，是因为从他们身上我了解到，成就成瘾这种信念系统不仅存在于某一种文化中，也不仅存在于处于事业巅峰的富人身上。无论你有怎样的背景、成长经历或职业，你现在都有可能正在遭受成就成瘾的困扰。如果你实现了目标却体会不到成就感，还是觉得自己不够完美或者做得不够好，那么也许让你失望的并不是你的事业不够成功或者挣的钱不够多，而是你的信念系统。

你是否曾经对自己这么说过："如果……，我就会得到爱或尊重。"这种假设就属于成就成瘾。一旦这个信念系统在你的意识中扎根，你的行动就会变得程式化。为了满足你最深层的需求，你认为你必须表现得更好，取得更大的成就。你觉得别人在通过你的行为和你取得的成就来衡量你，于是你也用同样的标准来衡量你的自我价值，并希望自己能更加完美。这是一个不可能实现的虚假愿望。如果你寄希望于此，你就会沉迷于追求好的表现。当优异的表现并没有给你带来幸福时，你就会认为你必须表现得更好。当这仍不能给你带来你所寻求的精神奖励时，你就会下定决心，必须更加努力，更加专注，并做出更多牺牲。这就是成就成瘾的本质。

成就成瘾永无止境。你不要以为只要你挣到一定数目的钱，只要能实现伟大的目标或者成名成家，你就会罢手。这不可能。

如果你成就成瘾，你甚至绝不允许自己普通——你的人生答卷里没有这个选项。你希望自己出类拔萃、不同凡响。问题是，如果你不允许自己做一个普通人，做自己，不允许自己尽力而为即可，很快别人的期望就会成为你衡量自己价值的标准。

为什么会成就成瘾？

在这本书中，我会帮助你发现成就成瘾的根源。想要做到这一点，你需要先回到"案发现场"——从那时起，你开始相信你可以通过好的表现来获得爱和尊重。许多人的"案发现场"可以追溯到顽固强硬的父母——他们要求孩子用完美来换取爱。但父母的影响只是其中的一部分因素，另一部分影响因素是深刻的文化期望。

大多数人在自己成长早期都会对成功意味着什么有一个清晰的印象。我们明白，失败会引起羞耻和内疚。有没有老师说过你没能发挥出你的潜力？有没有社团组织把你拒之门外？有没有哪个群体冷落怠慢你？这些情况都传递出一个明确的信息：你要更出色，这样才有可能被接受。

也许我让你想到了当时的"案发现场"，但这不是为了唤起你痛苦的回忆，也不是为了让你算旧账。我希望你能用不同的视角来看待当时发生的事。你能理解当时发生的一切吗？如果你能清晰地重温那一幕，那么你就可以自己决定是否接受对方暗示的承诺。（那个承诺是："只要出类拔萃，你就能得到爱！"）或者你可以看透承诺中的不实之词，甩掉必须出类拔萃的心理负担，并找到自己的方式去接受爱和给予爱。

自我评估：成就成瘾程度测试

显然，找到成就成瘾的根源只是一个开始。下一步是处理它。在这本书中，我会给大家列举很多例子——无论男女，他们都在不断地尝试打破"成就等于爱"这个错误的公式，来解决成就成瘾问题。但在进一步阅读之前，这里有一些问题可以帮助你判断自己是否成就成瘾，以及如果是的话，你有多严重。你只需回答"是"或"不是"。请根据你脑海中的第一反应作答。本测试附带一个简单的评分表，可以帮助你评估自己的成就成瘾程度。

1. 你小时候是否觉得很少有人会认真听你说话？
2. 你是否担心，如果不取悦父母，你就会失去他们的爱？
3. 你是否怀疑你的父母真的爱对方？
4. 你是否经常感到内疚？
5. 除了在注重成绩、成就的场合，你跟父母在一起时是否很少觉得快乐？
6. 你的父母是否对你的外貌很在意？
7. 你是否觉得，整体而言，你父母中的一方或双方是挑剔的人？
8. 你是否有童年受到伤害的记忆，而且这样的记忆一直跟随着你？
9. 你小时候是否经常觉得难堪？
10. 别人是否认为你是一个非常敏感的孩子？
11. 你是否认为你现在没人爱（或者不值得被爱）是过去的错误造成的？
12. 你是否希望别人能无条件地接受你，而不是批评你？
13. 当你身边的人能力不足、效率低下时，你是否会觉得不耐烦？

14.你的脑海里或口袋里是否总有一个任务清单？

15.你是否考虑过或已经做过整容手术？

16.你是否一直不满意别人回应你的方式？

17.你是否经常觉得你必须比别人付出更多努力才能做得很好？

18.你是否怀疑没有人真正爱另一个人本来的样子，都是因为对方做了什么才产生爱意？

19.你是否总想提高自己的说话技巧？

20.你是否总是精心地装扮自己？

21.你是否经常发现，人们远没有你想象的那么挑剔？

22.你是否难以容忍自己的不完美？

23.你是否难以容忍别人的不完美？

24.你是否经常想知道别人赚了多少钱？

25.当朋友、亲戚或同事获得成功时，你是否觉得自己不如他们？

26.你是否无法停止追求完美，即使你知道那样做不对？

27.你是否害怕如果你不那么奋发努力，你就会变得懒惰？

28.当你无所事事时，你是否会感到内疚？

29.你是否因为害怕丢脸而不敢尝试学习新事物？

30.在内心深处，你是否认为自己"不太行"？

31.无论你对自己的看法是褒是贬，你是否总是很在意自己的表现？

32.你内心的声音是否倾向于惩罚自己而不是理解自己？

33.在有压力的情况下，你是否倾向于以消极的方式概括自己？（例如，你是否会对自己说"我真笨！"或者"我好胖！"

之类的话？）

34. 你是否很少会满足于和同一个人在一个地方待很长时间？

35. 与他人交谈时你是否经常觉得无趣？

36. 当话题围绕你时，你是否又会变得兴致勃勃？

37. 你是否喜欢被别人理想化？

38. 你是否倾向于将他人理想化？

39. 你是否因为想给别人留下好印象、得到别人的爱而感觉有压力？

40. 你是否担心失去现在的地位后别人就会不再爱你？

41. 你是否担心你不知道真正的爱是什么？

42. 你是否很少感受到别人用你希望的方式爱你？

43. 你是否很难真正信任他人？

44. 你是否认为自己没有真正的朋友？

45. 你是否担心你的长期伴侣关系是建立在你为对方做了什么的基础上，而不是基于更深层的爱？

46. 你的性生活是否不频繁？

47. 做爱时你是否很难专注？

48. 你是否每天都称体重？

49. 你是否无法容忍自己体重增加？

50. 你是否无法容忍自己衰老？

51. 你是否觉得，如果你能让身体的某些部位更美丽，你的生活会得到极大的改善？

52. 你是否会将自己的经济状况与他人做比较？

53. 你是否会注意到他人驾驶的都是什么汽车，并据此去评判他人？

54. 如果让你住在比你现在的居所更宽敞、更奢侈的房子里，你是否会觉得不自在，觉得自己配不上？

55. 与那些受教育程度比你高的人相比，你是否会觉得自卑？

56. 你是否倾向于认为那些名校出身的人的优点更多？

57. 你是否会根据人们所居住的城镇及其富裕程度把他们分成三六九等？

58. 当邻居或朋友的伴侣比你的更有魅力时，你是否会觉得失落？

59. 你是否会幻想与远比你的另一半更有魅力的人在一起？

60. 如果你更有魅力，你是否会考虑换一个伴侣或恋人？

61. 如果你更加富有，你是否会换一个伴侣或恋人？

62. 你是否倾向于认为其他人取得成功是因为他们走了捷径？

63. 在衡量一个人的成功时，你是否不会考虑这个人的人际关系质量？

64. 在衡量一个人的成功时，你是否不太重视这个人的性格？

65. 即便你知道该如何照顾自己的身体，你是否也很少会按那些标准来做？

66. 你是否锻炼得太少或太多？

67. 你是否每年至少要节食一次？

68. 一天喝三杯或更多的酒精饮品，这种情况你是否每周至少会出现一次？

69. 你是否每月（或者更频繁地）服用助眠药？

70. 你是否认为锻炼、适当的睡眠、健康的饮食习惯在你的生活中不那么重要?

71. 你是否每天喝超过三杯含咖啡因的饮料?

72. 你是否经常吃能令自己心情愉快(可能无益于健康)的食物,特别是在晚上?

73. 你是否很少会考虑你的人际关系质量?

74. 每过一年,你是否都认为自己变得更不受欢迎了?

答案为"是"则计1分,答案为"否"则不计分。把所有问题的得分加起来,然后对照下面的评分表来评估你成就成瘾的程度。

成就成瘾程度评分表

分数 (答案为"是"的数量)	你的 成就成瘾程度
≥60	严重
50—59	偏重
40—49	中等
30—39	轻微
20—29	很轻

无论你的成就成瘾程度如何,这本书对你都会有一定帮助。书中不仅有你要问自己的问题,也有关于你能做什么的建议,还有能引导你探索成就成瘾的练习。按照书中具体的指导来操作,你可以溯本求源,找到是什么样的信念导致你表现出一定程度的成就成瘾的。你可以利用书中的练习来改变这种信念,过上更平衡的生活。

此外，你还可以"聆听"到我与不同程度的成就成瘾者的私密对话。当然，为了保护来访者的隐私，我隐去了他们的真名，改动了一些细节，但书中呈现的他们所面临的困境都是真实的。希望他们的故事可以帮助你找到你成就成瘾的根源。

成就成瘾一定程度上控制着你而你却并没有意识到这一点。如果你能摆脱它的控制，你会变得更有能量。你不需要追求理想化的结果，也不必把心力投入在难以企及的成功上。如果你能克服成就成瘾，不再只着眼于物质回报，你会在工作和人际关系中发现新的意义。你会学会在工作中更真实地表达自我，以及在人际关系中更看重爱和友谊的价值，而不再注重地位和形象。

很多人只是在默默忍受"能者的诅咒"，并没有从根源上解决成就成瘾这个难题。对此视而不见会让你付出沉重的代价，尤其会破坏你与他人的关系。这本书可以帮助你解除诅咒，解决成就成瘾问题，并让你从生活里平凡的事物中真正感受到美好。

第二章

一种永远无法获得的满足感

在过去25年多的时间里，我接触了许多类型的成瘾者。我了解到，所有的成瘾行为都说明成瘾者想回避或快速解决一定程度的冲突。成瘾行为会让成瘾者更不自信："这事我没办法！我得喝一杯（或者抽支烟、滚个床单、赌一局等等）。"

成就成瘾与大家所了解的其他类别的成瘾非常相似。你会有一种冲动——想要获得更多成就，想给自己的表现打分，想每天都督促自己——这种冲动会让你产生错觉，以为只要能坚持下去，就可以摆脱焦虑。因此，如果你是成就成瘾者，你就不会让自己闲下来，这与酗酒者总想伸手拿酒杯或者赌徒总想坐到赌桌旁并无区别。因为这样你就不用处理焦虑的情绪了。它能帮助你避免内心的冲突。（"对不起，我现在没空说话！还有好多事等着我呢！"）

你不仅会逃避，我敢打赌，你还倾向于将他人理想化。你可能会认为，那些努力奋进、卓有成就、时刻追求完美的人比你更有价值。"看看他们吧，可以想象，他们已经获得了幸福。要是我能再努力一点，也许我也可以。"这是错觉作祟。下面我要给大家讲述的故事的主人公是一位名为蕾切尔的来访者。她认为，努力工作、让自己变得更完美能让她获得幸福。这种错觉掌控了她的人生。

蕾切尔：焦虑的事业有成者

蕾切尔42岁，是一名会计师，专门从事兼并和收购工作。她似乎一直都知道自己想要的是什么，以及如何能得到自己想要的东西。她在波士顿一家业内领先的会计师事务所工作，薪水丰厚——比她自己预期的还要多。

蕾切尔告诉我，她选择这个职业是因为"我知道人们会因此而尊重我"。是啊，人们有什么理由不尊重她呢？她是专业人士，聪明能干，事业有成，也很有魅力，正处于职业生涯的顶峰。

但是，还有一个与在职场中表现出色的蕾切尔完全不同的蕾切尔。这个不为众人所知的蕾切尔内心极度焦虑，而她一直试图用幽默来掩盖。在办公室里，她很会讲笑话、会插科打诨，让人听了忍俊不禁。但每隔一段时间，她的行为就会失控。比如，去年节日派对上她的表现到现在还是大家的谈资——那天她喝多了，跳到桌子上模仿歌手蒂娜·特纳。她的领导是事务所的主要合伙人，他告诉蕾切尔，她得收敛一点。"客户都在呢！"他提醒道，"你觉得你要是那副样子，他们还愿意和我们合作吗？"

现在，只要事务所开派对，蕾切尔都会刻意避开。她担心要是不喝酒，别人会觉得她无趣，可喝了的话，她又会失态。她总是担心自己的表现：别人会不会看到她内心的不安全感？她最终会不会做出一些无法挽回的事？

蕾切尔总想做得更好，因此压力很大。在商学院读书的那些年她就是这么过来的，她恨商学院。她觉得一切都太难了，觉得自己不配在全美顶尖的商学院读书。蕾切尔觉得，其他同学似乎都知道自己在做什么，而她则不然。向来都是这样。学习让她筋疲力尽。尽管她最终获得了研究生学位，但她觉得自己配不上这个学位。她还通过了注册会计师考试，但也觉得自己只是勉强够格。

蕾切尔总觉得还有更多的事要做。"看这儿！"蕾切尔喊道，使劲在肚皮上挤出一层层脂肪。"我看着像怀孕了！"我想告诉她，她根本就不胖，可她太在意自己的外表了。她总说自己是"小短腿"。去年，她做了眼部上提手术和面部填充手术。不幸的是，这些填充物对她的脸来说太大了，很快就引发了感染。医生只能把填充物移除，于是她的脸颊两侧留下了凹痕。她目前正在想办法找其他整容医生修复她脸部的损伤。

蕾切尔每天5：30起床，在跑步机上锻炼。她还练习举哑铃，每周上两次私教课，但这并不是因为她喜欢锻炼。她只是在向脂肪"开战"。

蕾切尔经历过几段感情。"我已经放弃寻找我的真命天子（Mr. Right）了，"她告诉我，"我要找的是能填补我当下心灵空虚的'临时男友'（Mr. Right Now）。""临时男友"是她在酒吧认识的已婚男人。"我知道我应该感到内疚，"她说，"可我很渴望得到爱情。像他那样的男人根本不会对我这样的女人动真情。我假装他很爱我，他也表现得很爱我，可最后呢，我还是孤枕难眠。"

实际上，蕾切尔有一个如影随形的伴侣。那是一个声音，一个告诉她要更有能力、更成功、更自信、更有魅力的声音。她会对这个声音做出反应，却不知道自己为什么要这么做。尽管她在公司的业绩已经很好，她还是会不断地接收客户，并主动到全国各地去开拓更多业务。不管自己看起来有多好,她都觉得她必须努力让自己看起来更好。尤其是,她觉得她必须用成就的面具把自己的真实身份隐藏起来。

在开车上班的路上,她的大脑也在飞速运转。"我开车时基本上都是迷迷糊糊的,"她告诉我,"一门心思想的都是到了办公室要做什么。"

回首她这些年来的成功之路,蕾切尔应当自豪才是。她本应该很自信,因为她有能力应对新一天的挑战,但她却忧心忡忡。无论准备得多么充分,她仍然会觉得有更多的事在等着她去做、去完成。蕾切尔从来不觉得自己有能力表现得足够好。

几年前,蕾切尔曾有过这样的错觉:成就会弥补她在生活中错过的一切。但结果并非如此。"面对现实吧,我注定要孤独一生,"蕾切尔说,"我是个在痛苦中挣扎的企业高管,我有闪亮的头衔、大把的金钱,内心却很空虚。"

能承认这一点非常重要,这是一个新的开始。蕾切尔已经认识到,她焦虑和不安的根源在于成就成瘾。

你有哪些成就成瘾的迹象?

如果你做了第一章中的测试,我相信你已经认识到,蕾切尔的成就成瘾症状与你的症状有一些相似之处。也许你选择现在的工作或职业是因为你期望它能为你赢得尊重;或者你认为每天都应该努力工作,这样才能隐藏你内心的焦虑;或者你一门心思让自己看起来更好，想更努力地工作，以至于你都不记得上一次你真正地放松、真正地做自己是在什么时候了。

大家都知道，成瘾有许多种形式——酗酒、赌博、性成瘾、饮食失调，人们对这些已经司空见惯了。每种成瘾的过程和表现各异，但成瘾者都相信"一旦我开始恢复，生活就会变得美好"。

成瘾者很容易将其他人理想化。成瘾行为会强化这样的信念，"只要我停手，我就会像其他人一样成功、幸福"。

事实上，这种情况几乎不会发生。如果你曾经对某种东西成瘾，后来戒断了，你会发现，你的生活并没有太多的改变，并不能让你欣喜若狂！你会觉得某些方面还是和以前一样。那么问题就来了："我已经不酗酒（或者不暴饮暴食、不赌博、不出轨等等）了，为什么我的生活还是那么糟糕？如果我还是感到焦虑、沮丧，那戒断还有什么意义？"

成瘾者习惯于用肤浅的手段来获得快乐。当他们不再通过成瘾行为来消解压力时，就会感到焦虑。他们无法心平气和地应对日常工作、生活中的紧张状况。

阿诺德·M. 瓦什顿（Arnold M. Washton）、唐娜·邦迪（Donna Boundy）在《意志力并不足够：如何从成瘾中恢复》（*Willpower Is Not Enough: Recovery from Addiction of Every Kind*）一书中指出，易成瘾人群"内心深处承受着一种折磨人的孤独感"。成瘾者很可能感到自己不仅与他人失去了联系，也与自己失去了联系。

"成瘾者依赖药物，就像恋爱中的人对他的梦中情人朝思暮想一样，"瓦什顿和邦迪在书中写道，"他爱的、尊重的和保护的似乎是他的药物储备，而不是他的家人。这是因为药物能给予他与他人联结的感觉。这样他就不需要在现实生活中与他人建立亲密关系了。"

如果把上一段话中的"药物"一词换成"成就"，你会发现这段话也同样适用于成就成瘾者。爱是终极目标。但如果你成就成瘾，你可能要付出很多才能赢得爱。因为你有一种错觉，以为只要更努力，取得更多的成就，你就能得到自己想要的东西。这是一项巨大的工程，而你努力的方向错了。

来自童年的不满足感

看看周围，听听人们在谈论什么，你会发现许多成就成瘾的蛛丝马迹。是的，很多人都是成就成瘾者，就像你一样。但为什么它会如此普遍？它是从哪里开始的？为什么我们很难看清楚成就成瘾的本质？

在临床工作中，我需要跟一些团体和个人打交道，早在我为成就成瘾命名之前，我就发现了它的存在。在与来自不同文化背景、宗教背景和不同种族的人打交道时，我注意到，他们的过去并没有太多共同之处。

然而，当他们聚集在治疗小组讨论共同的问题时，很多人都说自己有一种不满足的感觉，其他人听了纷纷表示赞同。许多人的人生状态是这样的：他们已经积累了大量的物质财富，却仍然觉得自己真正想要的东西遥不可及。大多数人事业有成，有些人甚至名利双收。他们身材匀称，看起来很有魅力，但他们自己却不这样认为。他们觉得自己获得的成就还远远不够。

是什么让这些成功、富有、有魅力、有成就之人的生命蒙上了阴影？

他们似乎很失望。但这是为什么呢？当然，他们对自己、对自己的世界、对自己应得的回报都抱有很高的期望。为什么他们无法从成功中得到快乐呢？为什么他们不为自己的成就感到高兴？他们似乎在疯狂地寻求肯定，以消除疑虑，确保自己做的事是对的。

是因为他们没有看到自己拥有的一切吗？还是因为他们信以为真的那些含蓄的承诺是不实之词——从童年开始就有人跟他们这样承诺——比如卓越的表现能够带来无与伦比的回报？

我意识到，许多来访者内心不满足的根源是童年的经历。想要弄清楚他们的内心为何空虚，我们必须回到"案发现场"。

回到源头的"案发现场"

蕾切尔觉得焦虑不安不仅仅是因为她无法获得平静。她需要寻找人生的意义。在这之前，她是通过努力实现目标来获得意义感的。像所有成瘾者一样，她已经建立了一个难以打破的模式。

然而，蕾切尔在获得成功的同时，也感到孤寂、沮丧。她嫁给了一个英俊帅气的股票经纪人。这个男人为了跟蕾切尔结婚，与前任妻子离了婚，但在新的婚姻中，他重蹈覆辙。当蕾切尔把出轨的证据摆到他面前，跟他对峙时，他发誓他一定会对她忠诚，可到头来还是违背了自己的诺言。最后，他们分道扬镳了。

离婚后的蕾切尔陷入了深深的抑郁。她酗酒，还没命地工作。后来她与她的一个重要客户有了婚外情。大家都知道那个男人是花花公子,已经离过一次婚,正准备与第二任妻子离婚。在两人未发生关系之前,蕾切尔其实很清楚他是什么样的人。虽然他是她喜欢的类型,但蕾切尔始终认为,他们的感情不会长久。

随着那段关系走到尽头,蕾切尔又恢复了一直以来的女超人模式,也是她目前的日常生活模式——她起得更早了,工作更努力了,为了让自己的身材更好,她每天要锻炼好几个小时。她就像魔怔了,节奏越来越快。可即使是这样的努力和快节奏,仍然无法填补她内心的空虚。

这种模式始于她的童年,那里是"案发现场"。回忆起童年时,蕾切尔才意识到那是她成瘾的根源所在,只不过她的成瘾与酒精或药物无关。对她来说,诱人的"药物"是永远难以企及的成就。

蕾切尔在家里排行老四,她的三个哥哥都非常成功。她的妹妹患有唐氏综合征,母亲最心疼的就是妹妹。当蕾切尔向我描述起她的母亲时,我看到的是这样一个女性形象:她配不上丈夫,也不被丈夫的家庭接受。丈夫家境优越,受过良好的教育,而她则出身于一个终年为生计奔波的蓝领家庭。家里的男性都希望蕾切尔能弥补她母亲的不足,希望她聪明、漂亮、有抱负。

蕾切尔因为不被接纳而感到痛苦。首先不被接纳的是她的外表——在蕾切尔还是个孩子的时候,哥哥们就会嘲笑她胖乎乎的身材。后来她开始发育并意识到自己对男孩有性吸引力,结果母亲和她产生了矛盾。

"母亲似乎没有性别,"蕾切尔说,"只要提到'**性**'这个字就能让她如坐针毡。我终于有了一样她没有的东西。我跟母亲说,'你恨我,但我比你更像女人'。"

蕾切尔永远不会停下证明自己的脚步。这是她选择做专门从事兼并和收购工作的会计师的关键原因。"我想投身商界,因为我想变得强硬,"她告诉我,"我要做谈判桌上那个难对付的人。我学会了如何操控和左右客户,但现在我明白了,这是因为我一直都觉得很无助。我想改变儿时的感受,我想感受到自己的强大。我永远不会变温柔,总是跟所有人都保持距离。"

模式就这样建立起来了。一直以来,蕾切尔的行为方式可以让她证明她的价值,让她性感迷人、事业有成、生活富足。她曾经的所有目标都实现了。现在她想要更多。但是,更努力地工作,取得更多的成就,让自己的外表更完美,这些并没有帮助她形成对他人的依恋,而这正是她寻找的核心。

蕾切尔告诉我,在职场生活和个人生活中,她认识了一些比以前的她更不幸的人。然而,她说,有些人似乎在成长,而且能与其他人建立比她梦寐以求的东西更有价值的关系。"我拥有那么多财富,"她说,"可我很难相处。我觉得自己被骗了,很迷茫。我是成功了,可我满心怨恨。"

跨越阶级的渴望与内心的冲突

你的父母对你的期望是什么?他们希望你成为什么样的人?他们是如何向你传达这一信息的?你如果能回答这些问题,

就能更清楚地看到"案发现场"的状况。

我们将在第四章探讨其中的一些场景。但首先你要思考，你的家庭是如何为成就成瘾埋下隐患的。我想我们都同意，成功和财富——出人头地的双重象征——是美国生活结构的核心。虽然对许多人来说，向上流动似乎遥不可及，但它仍然是几代美国人所相信的东西。经历过大萧条和"二战"的美国父母希望孩子能接受高等教育、努力工作、生活富足。孩子们应该要么在父母成功的基础上再接再厉，要么白手起家、奋起直追。从你的祖父母和父母那里，你很可能会得到一条明确的信息，即成就会带来财富，会让人觉得满足。

我的家庭情况就能说明这一点。"二战"期间，我的父亲曾在OSS（战略情报局，是美国中央情报局的前身）任职，且表现出色。后来，他开了一家家具店，生意红火。做家具生意不仅考验人，也很耗时间，不过父亲的毅力惊人。一个星期六上午，父亲来我家做客。当时我已经获得了博士学位，行医也有两个年头了，并且和妻子刚有了第一个孩子艾丽卡。

那天上午，我和艾丽卡正玩得开心时，接到一个颇有名望的医生的电话，他问我是否愿意接收一名他的病人。当时父亲就在我身旁。我告诉那位医生，我的诊所已经满员了。那位医生好言好语地劝我收下那个病人，可我根本没时间照顾更多病人了，于是果断但不失礼貌地表示，自己没法儿再增加工作量了。

挂断电话后我才意识到，刚才的对话父亲全都听到了。他很生气。他怎么也不相信，一个事业刚刚起步的人竟然会"拒绝转诊病人，拒绝工作机会"。我告诉他，如果接收了那个病人，就意味着我星期六也得工作，可我不愿意牺牲陪伴艾丽卡的时间。父亲觉得这只是一个借口。我们吵了几句，他生气地走了。

我感觉很糟糕，很内疚。很明显，父亲认为我不够勤奋，没有毅力。

几年后，父亲又来看望我们。那天也是星期六。那时母亲已经患乳腺癌去世了。失去了相伴多年的伴侣，父亲很失落。他已经退休了，不用像以前那样工作那么久，但他似乎不知道自己该如何打发时间。

那次他来的时候，我正在家里的办公室给来访者做咨询。那天我总共要接待两个来访者。第一个来访者离开后，我来到楼下，发现父亲正在和他的两个孙女玩耍。

送走第二个来访者后，我和父亲一起喝了杯咖啡，聊了一会儿。父亲走到门口准备离开时，他说他想和我谈谈。

我知道，父亲既然这样说，说明他有很重要的话要说。母亲去世后，他变得更善于表达了。

我陪父亲一起去取车，他先告诉我他有多爱我，然后又告诉我，要正确地看待自己的生活。"你工作是为了谋生，是为了帮助别人，而你生命中最重要的东西就在你面前，千万别错过。两个女儿就是你的无价之宝。我希望我可以重新做一次父亲，我愿意把每一分钟都用来陪伴你们兄弟俩。工作不是你的全部，最重要的还是妻子和孩子。"

他说他知道我能看清方向。然后他上了车，给我比了个"V"——他就喜欢这样，开走了。

那天晚上，我和妻子还有朋友正在外面聚会，我忽然接到电话，说我父亲心脏病发作，人还没来得及送到医院就去世了。

我父亲最初给我的教诲是人就应该尽己所能地工作，永远不要拒绝别人。失去我母亲后，他开始重新思考自己的人生轨迹，开始从不同的角度看待问题。

不幸的是，"二战"后出生的那代人，很多只向他们的父母学到了兢兢业业、恪尽职守，却从未学到珍惜生命中真正重要的东西。父母们用有条件的爱将他们对工作的看法传递给下一代——"如果你努力工作，坚持不懈，你就会得到我的尊重和爱"。

完美主义倾向令人疲惫不堪

如果你一直认为人活着就应该追求成功，充分发挥潜力，那你就总是在追求完美。事实上，完美主义和成就成瘾往往是密不可分的。

近年来，有许多关于完美主义人格的研究，使得我们对完美主义在家庭中的传承方式有了更深入的了解。

1992年，宾夕法尼亚州立大学的心理学家罗伯特·B. 斯莱尼（Robert B. Slaney）与研究生道格·约翰逊（Doug Johnson）合作，开发了"几近完美量表"（Almost Perfect Scale，简称APS）。该量表旨在评估完美主义的成因。最初开发这个量表是为了帮助临床医生分析两个学生的心态——这两个学生都有一些心理问题。尽管学习很优异，但这两个学生郁郁寡欢。斯莱尼认为："很明显，这些学生认为自己的表现与他们的目标或标准存在差距。他们认为，自身表现无法达到他们给自己设定的标准，这可能是他们不快乐的重要根源。"

研究人员想知道：学生不满于自己的表现，是不是与完美主义有关？如果确实如此，完美主义是如何产生影响的呢？

研究人员使用了一个修订版的APS作为工具。他们发现，完美主义本身并不会直接导致个体的不快乐或不满意。相反，研究人员得出结论：设定高标准对个体的价值感至关重要。那些设定高标准的人不允许自己降低标准，哪怕只是一两个档次。降低标准会削弱他们的自尊。

"最明显的挑战，"斯莱尼总结说，"可能是让完美主义者明白，维持标准是可能的、合理的，甚至是可取的，同时也要减少不满足、焦虑或不快乐的感受。我们有必要找到解决的方法，因为用高标准来要求自己是美国和西方社会的构成基础，而且被访谈者不愿意放弃完美主义。"

斯莱尼借鉴了其他一些研究，通过比较，他建议区分"适应良好的完美主义"和"适应不良的完美主义"。"完美主义会带来苦恼，但适应良好的完美主义者会经历较少的苦恼，他们会努力追求高标准，会通过适当的方法达到高标准，这说明他们心理很健康……相反，适应不良的完美主义者追求高标准是为了逃避自卑感。"

如果你是高程度的成就成瘾者，那么你很有可能也是适应不良的完美主义者，而不是适应良好的完美主义者。你努力是为了弥补内心所缺乏的价值感。你认为，达到极高的成就标准，可以驱散自卑感。但如果你无法达到目标，无法做到完美，会发生什么呢？这就是不快乐的根源。

被批判的孩子会成长为无助的大人

在探究高度完美主义与低自我价值感之间的关系时，研究人员发现，父母的认可似乎是一个很重要的因素。安大略大学的戈登·L. 福莱特（Gordon L. Flett）博士和他的同事研究了儿童的完美主义倾向与其父母的相关性。这种关系的核心是"有条件的自我价值"的概念。如果父母会向孩子传达出这样的信息，"我的爱和认可是以你的良好表现为条件的"，那孩子的自我价值就可能是有条件的自我价值。

福莱特和同事们研究了完美主义的社会影响，他们的结论是："总体而言，如果个体的成长环境会助长有条件的自我价值，个体更有可能感到无助……那些在'社会导向型完美主义'测试中得分较高的人，那些倾向于赞同'我做得越好，别人就会认为我越好'的人，很可能曾经在助长有条件的自我价值的环境中生活过，因此在面对来自他人的负面反馈时，他们很容易产生无助感。"

如果你是在这样的家庭中长大——你的表现和行为不断地被评判——那你也许很快就会弄明白，你要怎么做大家才会接受你。你的父母如何看待你的价值？正如福莱特的研究中所指出的，在"高度评判性的家庭"中，照顾者总有衡量好坏的标准，总在审视一切。就算是物品，也要区分好坏。

在这样的环境中长大，你对自我的认识可能就像门边上的身高测量尺一样清晰，只不过这是一个心理上的测量尺。夸奖和赞许会让你变高，批评会让你变矮。最终，在这种影响下，你的内心会形成一个梯度。从"缺乏能力"到"表现完美"，你会衡量自己的各种表现。如果你把这个梯度和尺度内化,并听信了完美主义的蛊惑,那你便很难再有轻松愉快的心情了。

大概是在父亲去世时,有人送了我一本休·普拉瑟(Hugh Prather)的书,叫作《给自己的笔记》(Notes to Myself)。我只记得里面有一句话是这样说的:"是人就不可能完美,完美的一定不是凡人。"我认为这句话概括了完美主义的问题。要想无限接近完美,我们必须不遗余力地隐藏自己的错误和不足,而那些恰恰是我们的魅力所在。

两个成就成瘾者的婚姻

最开始,成就成瘾者的另一半会在他们身上看到高成就者的品格和内驱力,并被其打动。但天长日久,成就成瘾者的另一半会逐渐意识到,他们的另一半对成功的渴望、对成就的依赖到了成瘾的程度。最终,成就成瘾会极大地影响亲密关系。

如果婚姻中的双方都是在高度完美主义的父母身旁长大,那么在成就成瘾的影响下,双方都会不断地评价、评判自己,从而喘不过气来。

罗恩和玛莎:一对完美主义者

在我这里接受婚姻治疗的罗恩和玛莎,在同一家家族企业工作。罗恩是总裁,玛莎是办公室经理。这些年来,他们把企业经营得很成功,生意兴隆。只要两人愿意放手,完全可以把公司交给其他人打理。

玛莎基本上每年都会因为劳碌过度而生病,她也考虑过要雇个人来帮她。有几次她已经答应了罗恩,招聘了助理,但她每次都发现新来的助理有问题。她抱怨得最多的是:"他们一点儿都不敬业。"用不了几个月,她就会把新助理辞退。

在完美主义的驱动下,玛莎工作到极限,甚至超越了极限。而罗恩的完美主义则是另一种表现。无论去哪儿,罗恩一定会提前制订好详细的计划,把每一天的活动安排好。怎么能碰运气呢?那样会浪费掉宝贵的假期!玛莎觉得,家里所有人,包括孩子们,都不喜欢这样精心策划、安排周密的假期。

罗恩和玛莎的情况是夫妻双方都是成就成瘾者的典型例子。这种态势迫使他们陷入了僵局。他们的关系陷入困境,因为两人都没有处理好自己的完美主义。玛莎想不出有谁能把工作做得和她一样出色,所以她不愿意放手公司的事务,而罗恩只有把一切都计划妥当才能放松地享受假期。这对夫妻无法朝着这样一个方向前进:从彼此的陪伴中获得更充实、更有意义的快乐,从随性的活动中获得更多生活的乐趣。

赚钱不会让人不快乐,只顾着赚钱才会

说到成就,我们自然会想到金钱。表现优秀的人会得到奖励,勤恳努力的人会得到提拔,成绩优异的人能进入一流的学校、获得一流的工作和丰厚的薪水。这些是无可争辩的事实。

而为了学习一门学科、进入一所好学校、找到合适的工作或获得晋升而努力,并不是成就成瘾。如果你知道自己在追求

什么，那么努力追求并实现目标会让你更有力量。但如果你认为只有考出好成绩、找到称心如意的工作才能赢得尊重、获得幸福，这就成了问题。事实上，如果你一门心思只想着赚钱，你很可能会堕入不快乐的深渊。

加利福尼亚大学洛杉矶分校与美国教育理事会对大学生进行了一项长期研究，研究人员请近25万名大一新生说出"上大学的一个重要原因"。1971年，50%的大学生把"赚更多钱"作为首要目标。到1998年，这个比例是75%。而认为必须成为"非常富有的人"的学生的比例从1970年的39%上升到1998年的74%。在列出的19个目标中，"非常富有"的占比排第一位，超过了"发展有意义的人生观""成为我所在领域的权威""帮助有困难的人""养家"的占比。

你的目标也跟他们类似吗？如果是的话，那你注定会失望——不是因为你不会变得非常富有，而是因为你所认为的富有是指经济上的富有，而不是心灵的富有。

拥有的越多，就会越幸福吗？

对富裕国家（大多数人能够负担得起生活必需品的国家）的研究发现，作为衡量幸福的标准之一，财富的重要性非常低。在美国、加拿大和欧洲国家，收入和个人幸福之间的相关性出人意料地弱——事实上，收入对于个人幸福的影响几乎可以忽略不计。从伊利诺伊大学心理学家埃德·迪纳（Ed Diener）1985年对《福布斯》排行榜上100位最富有的美国人所进行的调查来看，即使是非常富有的人，也只比普通人幸福一点点。

我的看法是，大多数美国人以为，随着生活水平的提高，他们会越来越满足。如果我们以家庭用品和便利设施为客观衡量标准，那么从1960年至1997年，无论按照哪个标准，美国人的生活水平都大幅提高了：比如，根据美国消费者事务部的数据，拥有洗碗机的家庭的比例从7%上升到了50%。再比如，1950年，大约25%的美国家庭拥有烘干机和空调；到1998年，近75%的家庭拥有这些便利的家用电器了。

在物质不断丰富的四十年间，人们的幸福指数发生了什么变化？1957年，35%的美国人认为自己"非常幸福"。到了四十年后，只有33%的人说他们"非常幸福"。在此期间，离婚率增加了一倍，青少年自杀率增加了两倍，暴力犯罪率几乎增加了四倍。《福布斯》研究的结论是："**在过去的四十年里，我们的物质生活变得更好了，主观幸福感却丝毫没有增加。**"

我们失去了什么？为什么许多人拥有了那么多却仍然觉得自己无法获得幸福？对此我们能做些什么？

许多人的答案是更努力地去消除自己的"饥饿感"——生理上的饥饿感与心灵的饥饿感。感到生活空虚且无意义的人的欲求大于需求。有些人可能对酒精、药物和赌博等上瘾。当他们无法填补空虚时，他们的焦虑感就会飙升。于是他们会变本加厉，想更多地满足自己。但即使已经身心俱疲，他们晚上仍然难以入睡。他们靠吃药治疗失眠，然后又用其他药物来保持清醒。

他们也会对成就上瘾。"只要我做得更多、做得更好，我就能抓住将要从我生活中溜走的幸福。"当然，事实并非如此。成就成瘾者被一种恐惧吞噬，他们担心，如果失败和弱点被别人知道，自己在别人眼中就会不再完美，确切地说，是变得平庸。

关于西方人对于成就的态度，夏尔巴登山家杰姆林·丹增·诺盖（Jamling Tenzing Norgay）为我们提供了一个有意思的视角。他是1996年IMAX探险队的领队。杰姆林的父亲是第一个陪同埃德蒙·希拉里爵士（Sir Edmund Hillary）登顶珠穆朗玛峰的夏尔巴人，所以杰姆林有机会去美国学习了几年，然后回到了加德满都。在他的《触摸父亲的灵魂》（Touching My Father's Soul）一书中，他回顾了那段经历。

杰姆林说："我在美国的生活缺少意义和联结，我感觉这个国家好像没有精神内核——只有动力，没有内核。"看到同学们争分夺秒地忙碌着，杰姆林开始怀疑，他们到底想实现什么。"成功是所有人的圣杯，"他反思说，"我的美国同学们甚至还没毕业就已经在追求成功了。"

杰姆林来到美国，期望能找到这个国家充满活力的精神内核，但他没找到。"精神内核的缺失，"他写道，"是不安、不满和困惑的根源。我看到许多美国人深受其扰。物质财富并没有缓解他们的焦虑，也许反而加剧了他们的焦虑。"

对此，我想补充的是：在努力实现追求的过程中，我们的人际关系会受到极大的影响。这给了我们致命的一击：成就成瘾最终剥夺了我们保持健康、有意义的关系的能力，因为我们不会把我们对"与家庭和社群的关系"的追求置于对"个人权力和形象"的追求之上。如果能把人际关系放在第一位，我们就会觉得自己是诚实、有道德的人。而有了这样的自我认知，我们就不会在核心价值观上让步，不会把人际关系放到次要的位置。但如果缺乏保持健康的、有意义的关系的能力，我们就无法维系与其他人的亲密关系，而亲密关系才是获得爱和尊重最需要的东西。

心流：在过程中获得满足感

对于蕾切尔、罗恩、玛莎还有很多其他成就成瘾者来说，追求完美就像毒品一样令人上瘾。这是一种后天学习到的应对机制，它能帮助人们从"自我意识"（self-consciousness）①中暂时获得解脱。

如果用加倍努力这个办法来赢得你想要的一切，那你会被卷入一个令人眩晕的加速过程。在《越来越快：一切都在加速》（*Faster: The Acceleration of Just about Everything*）一书中，作者詹姆斯·格雷克（James Gleick）总结了快节奏社会的特点：压力是快节奏社会的推动力，野心则为其提供燃料。"如果说有一种特质定义了如今的科技时代，那就是加速。"格雷克写道，"大家都在赶时间。我们的电脑、我们的电影、我们的性生活、我们的祈祷，都比以前的节奏更快了。节省时间的设备和办法越多，我们就越感到匆忙。"

如果说省时的设备确实能给我们带来帮助，那理论上我们应该有更多的休闲时间，可实际情况恰恰相反。我们的工作时间比"二战"以来的任何时候都要长，休假次数更少、时间更

---

① 自我意识指的是个体对自己的各种身心状态的认识、体验和愿望。它具有目的性和能动性等特点，对人格的形成、发展起着调节、监控和矫正的作用。——译者注

短。努力工作并没有缓解我们的压力，我们把更多的精力投入工作，留给自己的时间越来越少，压力也越来越大。

一项针对401名美国企业高管的调查显示，他们的缺勤率在7年内上升了2.5%。"这充分显示了压力和随之而来的紧张情绪正在上升。"格雷克说。而且这种加速对下一代也产生了巨大的影响。格雷克引用了耶鲁大学医学院所做的一项研究。该研究表明，许多年轻人正在付出意想不到的代价：1995年至1999年，4—15岁儿童中因抑郁症、暴力行为、服用药物、自杀未遂和行为转变而入院的人数增加了59%。

或许你很容易在别人身上发现成就成瘾的迹象，却很难在自己身上发现问题。而且即使发现了，你可能也不觉得它会带来危险。毕竟，你觉得成就为你赢得了某种程度上的成功。如果这个办法有效，为什么要改变它？

可如果你觉察到哪里有些不对劲，那就是时候改变了。如果你开始怀疑你会得不到你一直在等待的回报——爱和尊重，那就是时候深入探究了。如果你开始怀疑自己走错了路，那也许你已经做好了认真反思的准备。

需要强调的是，卓越的表现、高标准的成就和崇高的目标本身并不是成就成瘾的信号。力求做到最好是非常可取的。但那些能在工作和社交活动中获得真正乐趣的人不会只用结果来衡量成就，结果是次要的。

那些能从工作和娱乐中得到乐趣的人，在表现出色的同时内心也会感到快乐。这种快乐是沉浸于当下的快乐。成功与成就并不是他们衡量自我价值的唯一标准。成就感是他们即刻的感受。他们衡量价值的标准是行动本身，而不是对结果的预期。

如果你能认识到自己的成就成瘾并处理好它，你便会达到更高的水平，会感受到更多的快乐、更少的压力。这种感觉相当于运动心理学家所说的"心流状态"或"忘我状态"。心理学家约翰·吉尔莫（John Gilmore）专门研究过优秀运动员的成就，他指出，当这些运动员发挥出最高水平时，他们并不关心过去的最佳纪录和未来的结果，也不担心自己可能会表现不佳，这种状态让他们非常愉悦。他认为："心流状态不是被有意识地视为达到目的的手段，它本身就是目的。它非常令人愉悦，每一个处于这种状态的人唯一想要做的就是让这种状态持续下去。"

爱上自己做的事让人无比快乐。我相信我们每个人（不仅仅是优秀的运动员！）都有可能体验到心流状态，在这种状态下，我们会完全沉浸于当下做事的快乐之中。这就是发挥潜力的真正含义——在过程中寻找乐趣，而不是关注结果。但是，只有当你本身就有很强的内驱力，而并非为了证明自我价值或解决自尊问题而盲目努力时，你才能发挥出潜力。

要审视你的内驱力，这至关重要。对于你而言，成就本身是能给你带来巨大满足感的一个目的，还是向他人和自己证明自己价值的一种方式？找到这个问题的答案非常重要。它可以帮助你找到人生的意义以及你与他人关系的价值。

【工具箱1：区分基于成就成瘾的愿望与真正的愿望】

- 生活中哪些情况或事件可以满足你的一切愿望？请列出

十种。

- 哪些愿望是基于成就成瘾的，哪些愿望能让你发自内心地感到快乐？请进行区分。
- 在你列出的十种情况或事件中，有多少种是基于成就成瘾的？
- 描述你经历过的，并且能让每一个经历过的人都感到快乐的二十个时刻，比如见证新生命的诞生、坠入爱河、与老友久别重逢或享受极致的音乐体验。这些时刻给人带来的快乐与基于成就成瘾的满足感（比如得到奖励或别人的赞美，赚钱或花钱的快乐）相同吗？

第三章

直面内心的冲突，认识真正的自己

1. 你能尽情享受放松的时刻而不觉得自己是在偷懒吗？
2. 你渴望不断赢得父母或配偶的认可吗？
3. 除了获得薪水，你能从工作中得到其他乐趣吗？
4. 你会揣摩领导的心思，努力取悦他们吗？
5. 你会通过考验他人，来验证他们对你的感情吗？
6. 你会嫉妒那些取得了巨大成就的人吗？
7. 你会忍不住挑剔亲近之人的缺点吗？
8. 你很难专注地与伴侣、孩子或朋友交谈吗？
9. 你会经常评判自己的外表、智力和物质财富吗？

我相信，对于上述问题，你很难回答"是"或"否"。这些问题与我们每一个人都息息相关——它们能反映我们对自己、工作和家庭的看法、我们所看重的价值和成就以及我们寻求感情、建立自尊的方式。在这一章，我将介绍一些在这些问题上挣扎过的人，以帮助你更深入地探索自己的感受。但首先你得问问你自己：什么是成功？

这正是我在担任小组讨论协调人时提出的问题。我提出这个问题是因为，刚好有一位小组成员告诉大家，她求职成功了。

苏珊：不安的求职者

苏珊获得了工商管理硕士学位。她的丈夫是一名医生，丈夫的工资和他们买的理财产品足够让一家人衣食无忧。苏珊决定找份兼职——她什么也不缺，而且她希望能有自己的时间和陪伴家人的时间，所以不打算做全职。

那为什么她会觉得自己做得不对呢？为什么找到了工作她仍然不高兴呢？

苏珊觉得很内疚。读了这么多年书，付出了那么多努力，她怎么能"满足"于一份兼职工作呢？她说这种不安源于她母亲的期望。在她母亲看来，事业有成比什么都重要。"母亲不知道我找了份兼职。她觉得像我这样既上过名牌大学，又有工商管理硕士学位的人应该很抢手，怎么能做兼职呢？她一定会对我很失望。"

在进一步探究的过程中，苏珊触及了她另一个层面的感受。"我知道，无论我做什么，母亲最终都会接受。但长久以来母亲一直是这么引导我的，我只相信她的教导。她对成功的看法最后成了我的看法——成功是人生唯一的目的。为了成功可以不惜一切代价！"我把这称为"自我的声音"（self-voice）。

我们内心深处的另一个声音

苏珊听到的声音就是我所说的自我的声音。这是一种内在的声音，它固执己见，反复不断地与我们说话，但我们甚至可能都没意识到它。苏珊的自我的声音在说："成功是人生唯一的目的，要不惜一切代价获得成功！"她知道这个声音的来源，它来自她的母亲。但它是如何内化到她的思想中的呢？

当你是个孩子时，你对自己的认识基本还在形成中。被奖励或被惩罚的经历会塑造你的自我认知。如果你大声说脏话时父母显得很生气、很不赞同，那么他们传递出的信息也许很清楚："别说脏话！"但一切真的那么简单吗？这个看似简单的信息可能有多种含义，取决于你父母的本性和他们真正想传达的意思。一种极端情况的暗示是，说脏话是不可原谅的，要是你以后再敢说脏话，你就会受到惩罚。另一种暗示可能是，你和朋友在一起时可以说脏话，但不能当着父母的面说。你也可以这样理解——父母可以说脏话，但你不能。又或者说，说脏话时的你是不被接受的。那么，你最有可能听到的是哪种潜在的含义？

"你这个孩子是不被接受的"这样的信息，你就像是通过有裂痕的镜子看自己。镜像是扭曲的，所以你看到的自己的形象也是变形的。当你做错事时，你在镜子中看到的是一个不被接受的孩子；而当你做了一件父母觉得了不起的事时，你在镜子里看到的是一个讨人喜欢、值得赞美的孩子。

这些形象逐渐将我们塑造成现在的样子。作为孩子，我们与自己形成了一种内部对话，自我的声音会告诉我们"你做得很好""你得做得更好"或者"你失败了"。我们认为别人会如何回应我们，构成了内部对话的内容。我们从有裂痕的镜面中看到破裂的镜像，得到扭曲的自我形象，并相信这些图像，因为它们是我们唯一能看到的自己的图像。

每个人都有一面观察自己的镜子

你的镜子是什么样的？它会告诉你哪些与你自己、与你的自我价值有关的信息？你也许会惊讶，原来找到这些问题的答案是那么容易。尽管自我的声音是每个人内在的一部分，但你可以通过一些评估性的问题快速觉察到它。你的自我的声音是惩罚性的吗？它要求高吗？它是否把目标定得很高，让你根本无法实现？如果是这样，那没完没了、不厌其烦的唠叨声就会为成就成瘾铺平道路。

也许你无法让这个声音消失，因为它是你成长的一部分，然而，我相信你有能力将它与你的真正自我区分开。你必须认识到，这个声音来自哪里、它在说什么以及它如何影响你的镜像形象。我在本章开头提出的问题能帮助你评估你对自我的声音的认识程度。这些问题我在下文中还会再次提及。

你能尽情享受放松的时刻而不觉得自己是在偷懒吗？

有些人会立即回答"当然能"，然后举出例子，比如去健身房锻炼、在乡间民宿度过周末、蒸桑拿等。

但如果你成就成瘾，那么刚开始锻炼时你也许很放松，可要不了多久，你就会给自己设定减肥瘦身的目标，或者要求自己完成一套越来越难的动作。

去酒店过周末又会如何呢？你会不会手机不离身，并且确保手机有足够的电量以便随时待命？你会不会总是想到你还有多少工作没做、回家后还有多少事等着你？会不会已经开始考虑下一个周末的安排？

关于全年无休的生活方式已有很多著述。我们无时无刻不带着手机，频繁地查看微信、邮箱。从办公室到家里，再到汽车、飞机和火车上，每一分每一秒，工作都在追赶着我们。我们很难想到，实际上并没有人强迫我们做这些工作。我们可以关闭手机和电脑。但许多人无法关闭自我的声音，它对我们说，"你没有责任心""你错过了机会"。

在你放松的时刻，你会有怎样的想法和感受？你是否在为自己辩解，说你没有偷懒？你是否会本能地意识到，你现在的休息是有代价的，接下来你得更努力地工作？如果你成就成瘾，你基本上无法享受闲暇，因为你总能听到自我的声音在说话，它告诉你要行动起来，要完成任务，不能再偷懒了。

你渴望不断赢得父母或配偶的认可吗？

孩子寻求父母的认可是再自然不过的事。起初，这种寻求是盲目的，孩子需要不断试错。孩子会尝试一些新的东西，或者能吸引父母注意力的东西，结果有两种可能：受到惩罚、得到奖励。他们会从中积累经验。接下来孩子会再次测试某种行为，如果父母前后传达出的信息是一致的——某些行为会反复招致惩罚，某些行为总是得到奖励——那孩子很快就会明白，怎样才能取悦父母。

父母微笑着拍拍孩子的头，拥抱孩子，这会让孩子很安心。可如果父母表现得疏离、愤怒或漠不关心，孩子就会失去安全感。于是他们会反复试探哪种行为能得到父母的奖励。

爱往往是由它在原生家庭中的表达方式来定义的，所以我们自然而然地会以同样的方式来奖励我们的伴侣。如果我们曾经可以通过某些行为来引起父母的认可和关注，我们就会尝试通过类似的行为来从伴侣那里获得同等奖励。但这种奖励能持续多久？什么时候会被收回？

如果你只是因好的表现而得到赞赏，你就不会感受到无条件的爱。认可和奖励相互关联，在孩子的头脑中，它们是不可分割的。长大后你仍会这样想，你会觉得爱是有条件的。寻求认可就是寻求爱，而不认可就是批评的同义词。

如果你的另一半是成就成瘾者，那你会觉得自己在亲密关系中拥有较大的主导权。如果你和另一半都是成就成瘾者，那你们会不断渴求对方的认可，双方很难做到坦诚地交流。如果关注或赞美一直是爱的先决条件，两人的关系自然就会时好时坏。

几乎不可避免的是，如果亲子关系是建立在成就期望之上的，那孩子长大后与伴侣之间也会形成类似的模式。我们希望另一半能像我们的父母那样认可我们。如果自我的声音告诉我们只有特定的想法、行为和成就值得认可，那么我们很可能会彻底否定无条件的爱。"怎么会有人因为我本来的样子，而不是因为我做了什么而爱我呢？"

除了获得薪水，你能从工作中得到其他乐趣吗？

以日间交易员布瑞特为例。布瑞特曾经一年赚了50万美元，后来又差不多赔光了。他毕业于耶鲁大学，老家在得克萨斯州。父母的思想颇为保守，不善于表达，但布瑞特发现，他可以和父亲谈钱的事。事实上，这是布瑞特和他父亲聊过的唯一话题。

父亲曾白手起家，为此他非常自豪。父亲的生意做得不错，但在布瑞特的整个成长过程中，父亲一直在加班，布瑞特参加比赛时他从未到场过，哪怕比赛对于小布瑞特来说意义非常重大。事实上，布瑞特和父亲一起共事过三年，但他们的争吵越来越频繁，最后布瑞特实在忍不下去了。

布瑞特决定不要孩子。他不希望在追求事业和金钱的道路上有任何羁绊。现在他对自己的选择深感后悔，妻子自始至终都没有原谅他。他意识到，他不想要孩子是因为他害怕重复他与父亲的关系，害怕重温那些痛苦的经历。

赔钱时，布瑞特往往会特别紧张，草率行事。他从未跟父亲说起过这些。但行情好的时候，情况就不同了。"赚到一大笔钱后，我会给他打电话，"布瑞特说，"但我总是很失望。并不是说父亲不会回应我，而是他的回应似乎与我这个人无关。他似乎只关注钱、交易，询问我关于股票的问题，因为他迫不及待地也想挣上一笔。我希望他会夸我很优秀。但基本上他一直在说'快告诉我怎样才能赚到这笔钱'。看起来他只是在为自己做打算。我这辈子一直在努力地想让他觉得我很优秀，但他好像从没夸过我。"

布瑞特是一个极端的例子。虽然不是每个人在股市大赚或工资大涨时都会给父母打电话，但通过金钱来衡量自己价值的人非常多。作为一个人，在多大程度上，你的价值是由你的工资、存款或成功的投资来衡量的？

布瑞特赚的可不只是钱。金钱不仅仅是收入和财富，它还代表着地位或成就，是他与父亲沟通的一种手段。每次赚了钱都会告诉父亲的布瑞特，想要的不仅仅是赞美或祝贺，他还在寻求父亲的肯定，肯定他是个优秀的人。

你能把努力工作的乐趣与物质上的回报区分开吗？很多时候，赚很多钱和工作的乐趣是纠缠在一起的，我们无法将二者区分开来，但值得一问的是：你在安排时间、选择工作和生活方式时，金钱是否已经成为最重要的影响因素？成就成瘾者会觉得钱再多也不够，这与再努力也不够、表现得再好也不够是一回事。金钱不仅仅是净资产，还是衡量自我价值的标准。如果你需要用积累的财富来证明你超越了自己，那么工作永远无法让你满足，因为钱可不会说话，它并不会告诉你："你很优秀！"

你会揣摩领导的心思，努力取悦他们吗？

如果理解、关心和爱都是以认可为先决条件的，那么在你的成长环境中会有很多不确定因素。父母看起来是在说"无论你做什么，我们都会爱你并支持你"，但他们实际的意思是"当心点儿，好好表现，多看看我们的脸色，我们心里都有数"。当然，后一种沟通方式说明父母不是无条件地爱孩子。那些想要控制孩子的思想、行为和情绪的父母才会传递这样的信息。

成就成瘾者需要与权威人物定期交流。请注意，这种交流并不一定要获得明确的认可或否定。即使没有传递出明确的信息，权威人物也有很大的影响力。成就成瘾者会发现自己像是在玩猜谜游戏，因为他们想更多地了解家长式人物（经理、老师、领导等等）的感受和想法。如果表现不佳，这位"家长"

还会喜欢他们、认可他们吗？找出明确的答案非常关键，所以他们会一门心思揣摩权威人物的想法。

来访者黛安24岁，正在攻读历史学博士学位。她的求学之路一直很顺畅。黛安的父亲是教授，总敦促她要出人头地，是他说服了黛安读研究生。但在她读博的前一年夏天，父亲出车祸去世了。

博士第二年读到一半时，黛安觉得自己无法完成手头的论文，虽然她完全有能力把论文写好。她很清楚是哪里出了问题。她想从教授那里得到的不仅仅是分数、评语或指导。"我知道我不该那么想，"她说，"但我希望他认为我很出色，希望他爱我。"接着她收回了刚刚那句话，"我不是那个意思，我说的不是爱情。"

但我认为她指的就是爱。她知道，父亲对她的所有回应都是基于她的表现。黛安承认："我父亲永远不可能改变。"如果他还活着，还有改变的可能，现在的情况则完全不同了。父亲已经从她的生活中消失了，没有留下任何遗言，也没告诉她，在他眼中，她是成功的还是失败的。他再也没有机会认可她、无条件地爱她了。如果教授能无条件地爱她，像她父亲从未做到的那样，那不是很好吗？她把她一生的渴望倾注在一篇论文、一门课和一位教授上。如果她成功了，在镜中她会看到一个有魅力的、被认可的人。如果一切顺利，她可以重建她的童年。

你会通过考验他人，来验证他们对你的感情吗？

如果一个人总被别人评判，那他也会习惯性地去评判别人。

但这与情感有什么关联呢？也许在方方面面都有关联，也许全无关联，这取决于你是否认为情感可以量化。

事实上，我经常听人说起"情感责任"（emotional accountability）[①]。这是成就成瘾者反复谈到的话题。他们会用条件从句来表达："他要是真的关心我，就不会……"也会评估对方对自己的感情："如果她真像她说的那样关心我，那她应该……"甚至会赤裸裸地考验，就像在精心策划一场专业资格考试："我已经要求他……我想好了，他要是不这么做，一定是不爱我。"

成就成瘾者这么做其实是想弄清楚一个问题：他/她真的对我有感情吗？但这些办法并不能回答这个问题。表面上看，想要回答这个问题，我们必须看对方的情感反应。情感是一个由许多无法量化的因素组成的复杂网络。情感可以是关爱的眼神、海滨度假的甜蜜时光、热烈的性爱，也可以是一阵阵的关切、一瞬间的宽恕、一辈子的承诺。而且，我们都知道，基本上每一种情感的表达都可以从至少两个方面来理解：他真的关心我吗？还是只关心他自己？情感非常复杂，无法量化，想要通过评估和考验的方式来理解它，你会十分困惑。

而这恰恰就是那些成就成瘾者所面临的困惑。当我们习惯了被衡量，那我们会用什么标准来衡量别人？我们会如何看待那些向我们表达感情的人呢？

[①] 此处的情感责任是指认为别人应当为自己的情感负责。——译者注

你会嫉妒那些取得了巨大成就的人吗？

安迪·沃霍尔提出了著名的15分钟定律[1]，可他却忘了说一件事：时间是有限的，而地球上的人那么多，根本不够每个人分15分钟。绝大多数人都出不了名。

15分钟似乎够快了。成就成瘾者怎么能容忍自己没名气呢？除非得到世人的认可，不然你怎么知道自己赢了？你必须出现在新闻头条中，哪怕只有一瞬间。

成就成瘾者经常把别人想象得很成功，并贬损自己的价值。我之所以强调"想象"二字，是因为别人是否真的才华横溢、技艺超群并不重要，最重要的是他出名了。他是因为什么而出名的并不重要，重要的是他获得了成功。

成就成瘾者不仅会拿自己与那些出现在报纸上的名人对比，与能在《财富》杂志上看到其简介的人对比，与出现在《人物》杂志上的名人对比，他们还拿自己跟每一个人进行对比。他们无时无刻不在比较。就算是邻居也会让他们感到压力。

我想起了波士顿某家著名银行的经理拉尔夫，他一直在试图弄清楚自己成就成瘾的根源。他与邻居相处的方式为我们提供了线索。他的攀比心理让人匪夷所思。邻居的房子并不比拉尔夫家的大，装修也没他们家豪华。邻居开的车没他的好，工作也不如他。可不知为何，拉尔夫就是觉得自卑。

最后他找到了觉得自己卑微的根源——那让他很难堪。"邻居是耶鲁大学毕业的，而我没上过大学。我知道我不应该

---

[1] 15分钟定律是指在未来社会，每个人都可能在15分钟内出名，每个人都能出名15分钟。但这句话是否为安迪·沃霍尔所说，尚有争议。——译者注

在他面前感到自卑，可我做不到。我可真蠢。从智力方面来看，我是很聪明，但在情感上，我从未真正摆脱过父母对我的负面评价。从小到大我都觉得自己很笨。父母总是当着我面夸我姐姐多聪明。她上了大学，后来又读了研究生。父母表扬姐姐、贬低我的话语至今仍在我的耳边回响，就像昨天说的一样。"

你会忍不住挑剔亲近之人的缺点吗？

戈登·L.福莱特与保罗·休伊特（Paul Hewitt）对完美主义进行了研究，他们发现，完美主义通常有三种形式：自我导向的、他人导向的和社会导向的。不言而喻，成就成瘾者会表现出自我导向的完美主义——为自己设定不切实际的标准，然后为实现这些标准全力以赴。他人导向的完美主义是成就成瘾的另一个突出特征。成就成瘾者会不切实际地期望别人，比如朋友、家人或同事能达到一定的行为标准。

事实上，成就成瘾者总喜欢用完美来要求别人，虽然他们也不想这样。他们不仅会对自己提要求，而且还会以类似的方式评判其他人：另一半为什么不能更仔细点？朋友为什么不穿得更讲究点？同事为什么不能动作更麻利点？

小小的不满会不断积累。他们会越来越难以原谅和忘记，对亲密的人也不再宽容。如果别人达不到他们的预期，他们就会觉得他们的自我形象受损。朋友和家人的不完美会让他们感到恼火。他们会对别人失去耐心，变得偏狭，甚至会勃然大怒。

你很难专注地与伴侣、孩子或朋友交谈吗?

根据一项关于多任务处理的调查,54%的员工会在打电话时查阅电子邮件,18%的人在打电话时会看书报杂志,还有14%的人说他们能一边与人讲话,一边在网上购物。

多媒体通信给我们的生活带来了极大的冲击,无可避免地,同时做几件事也变得越来越普遍。"互联性带来的是信息过剩。"格雷克说,"我们一边抱怨信息过剩,一边又对它喜闻乐见。我们并不会关闭电子邮箱。相反,我们会购买口袋式便携电脑、移动 Wi-Fi 还有带小屏幕功能的手机,这样无论登山还是看海,我们都能随时使用电子产品。"

也许有人会说,我们要与他人保持联系,保持紧张的节奏,这是日常生活的基本需求,为什么要放弃这些便利?然而,对于成就成瘾者来说,沟通工具——能让他们同时做几件事的基本工具——就像成瘾物质一样必要。他们无法忍受与他人中断联系或失去联系。在他们看来,一个人只有忙到不可开交才算重要人物。

如果多线沟通对你的自我价值感至关重要,那么放慢脚步,用心地关注一个人,会发生什么呢?你能从沟通中获得什么?成就成瘾者觉得一心一意地关注另一个人很浪费时间。他们认为人与人之间的交流应该以行动、表现和成就为导向,如果不是这样,他们就会焦躁不安。

如果你发现自己很想专注却无法专注,这并不能说明你不在意你的伴侣、孩子或朋友。罪魁祸首是那个难以摆脱的自我的声音——它总是在问:"这个人可以帮助我实现什么?""他/她怎样才能表现得更好?""现在别人对我的期望是什么?"显而易见，自我的声音正在干扰你，让你无法活在当下。多任务处理不仅仅发生在外部，也发生在你的头脑里。你必须回复自我的声音发送给你的电子邮件，这些电子邮件吵嚷着想得到你的关注。

你会经常评判自己的外表、智力和物质财富吗？

成就成瘾会以奇怪的方式向你发动攻击，特别是在你无法压制自我的声音时："你够瘦吗？""你够聪明吗？""你过上了你值得拥有的生活吗？"

没有任何外部线索能回答这些问题。除了你，没有人能回答这些问题。那个能让你变得自信的积极声音只能来自你的内心。如果你从来没有对自己说过"我已经尽可能地让自己有魅力了"或者"我正在充分发挥我的能力"，会怎样呢？由于缺乏内在声音给予你的信心和肯定，你一定会用其他方法来给自己打分。

如果自我的声音是高度批判性的，它就会极具破坏性。比如这个故事：温迪刚从加利福尼亚州棕榈泉度假回来。她的假期过得如何？"糟透了！我穿的是去年穿的那件分体式泳衣——看着真叫人恶心。我的背又厚又肥，太难看了。"可我的问题是她假期过得如何啊。"我现在满脸都是皱纹和黄褐斑，马上就要变成矮胖的老太太了。"

温迪为什么这样贬低自己？她对自己很反感，近乎厌恶。温迪真是这么看自己的吗？是什么导致了她这样的自我惩罚？不出所料，她的父母就总是对她的长相吹毛求疵。可她说，她不怪父母。

我给她的建议是，当然可以不责怪父母。但想要停止自我贬低，她确实需要做一些事。她必须弄清楚发起攻击的人是谁，那个残酷的声音是从哪里发出的——它告诉温迪，她长得非常讨厌，连她自己都觉得恶心。这些尖刻的话语来自根深蒂固的臆说，即"我一定有问题"。她一直用过高的标准来要求自己，并不断告诉自己："我不好。"

这个不放过自己的比较过程是成就成瘾的典型表现之一。不管是在哪个方面——谈吐、行为、思想、外表，你都会拿自己跟别人比。但无论你有多好，总有人比你更好。无论你多有魅力，总有人比你更英俊/更美丽。你可以努力，但你永远不会满意。而当你受挫或失败时，你的自我的声音会告诉你，你很可悲。

每个人都渴望有一个仁慈的自我的声音，但成就成瘾者听到的只有苛刻的批评。他们会更加渴望被理解而不是被评判，所以他们总想寻找更友善的声音，希望听到自己更有价值。

与内在的自己和解

我在本章中提出的问题能帮助你理解成就成瘾的基本特征。就算你只有其中的一些特征，也可以想办法逃离成就成瘾的"魔爪"。你可以停止将自己与他人进行比较。你不需要把标准定得越来越高。你可以享受你已经拥有的优渥生活，而不是奢求更多。你可以享受与伴侣、孩子、父母、同事或兄弟姐妹共度的时光，而不必担心你今天还有多少任务要完成，还有多少邮件要看，还有多少电话和信息要回。

诚然，只有你能让这一切改变成为可能。理想的情况是你可以回到过去，修复破碎的镜子，看到你真正的镜像并欣赏它。你可以把那些不断要你发挥潜力，要你好好表现，要你尽你所能、不能浪费时间的人传递给你的信息统统清除。面对因你的态度感到失望的父母、批评你不太努力的老师、认为你没用心的教练，你可以坚持你的立场。

富有的人很可能并不快乐，照片里看着光彩夺目的人也可能患有进食障碍。家庭、学校和整个社会中的许多做法会强化成就成瘾，却很少有方法来缓解它。人们所面临的成就压力越来越大，而得到的慰藉却越来越少。归根结底，只有一个人能改变你的成就成瘾。对，这个人就是你自己。

让我们回到第一个问题：**你能尽情享受放松的时刻而不觉得自己是在偷懒吗？**如果你的自我的声音指责你懒惰、懈怠，你能改变它说话的方式吗？比如，你能尽情享受阅读一本书，而不去提醒自己，今天必须把清单上的事情做完吗？弄清楚自我的声音的来源，你就可以找到应对的方法。你可以找到更仁慈的语气、更宽容的话语。

你不再需要在破碎的镜子中找寻你的镜像。你可以换一面完整的镜子，看到自己真实的形象。你可以找到一个对你的真实身份更宽容的自我的声音，这个声音不会给你提过高的要求。不要让成就成瘾控制你的态度、你的生活。

维克多·弗兰克尔在《追求意义的意志》一书中说："成功和幸福一定会到来，我们越是不在意它们，它们就越是会不期而至。"我认为我的任务是让你不要那么急切地渴望成就、成功、美貌、名声和财富。我赞同弗兰克尔的观念：你越不在意这些东西，就越有可能得到它们。

第四章

重返"案发现场":
人一生都在治愈童年

1.你是不是总因同样的问题与别人发生冲突?
2.你是不是总对同一类型的人或同一种情况反应过度?
3.你的家人是如何表达赞美的?是更注重成就,还是更注重你的性格(个人特质,比如诚实和正直),抑或是两者兼顾?
4.当你需要改变时,你是否想维持现状、拒绝改变?
5.你是否经常觉得没人认真听你说话?

安东尼奥·达马西奥发表了多部关于功能性脑神经学与情绪起源之间的关系的著作,第一本是《笛卡尔的错误》,他用"背景感受"(background feelings)这个短语来描述那种不期而至的细微情绪——偶尔它也会比较强烈。他在第二本著作《感受发生的一切》中进一步发展了"背景感受"的概念,并对其进行了如下描述:"有时我们会敏锐地觉察并关注它们,有时则不然,我们觉察到的是其他念头。但背景感受总能以某种方式影响我们的心理状态与生活。"

达马西奥认为,背景感受产生于"背景情绪"(background emotions)。背景情绪能通过多种方式表达出来。姿势、语气、语调都能泄露我们的背景情绪。因此,背景感受与我们更易觉察到的动机密切相关,也与我们的心情密切相关。"心情,"达马西奥说,"是由经过调整并持续下来的背景感受与经过调整并持续下来的基本情绪①组成的。"

影响你行为的背景感受是怎样的？你能觉察到这些感受何时会驱使你对他人做出反应或回应吗？这就是我所说的"固化反应"(hardwiring)。

假设你待在一个房间里，房间里有面单向镜。镜子的另一边有十个人，男女都有，年龄不一。这些人你从没见过，也不认识。这十个人的穿着都很有特点，看起来很不一样。他们看不到你，也联系不到你。虽然你能看到他们，但你听不到他们在说什么。

你认为你和哪个人待在一起会感觉最舒服呢？我敢肯定，你很快就能给出答案。可如果我问你为什么，你能讲清楚原因吗？

我们一起来看看有哪些可能的答案。也许那个人的某些姿势让你感到安心。也许他/她能赢得你的青睐是因为外在的特点，比方说穿着、眼睛的颜色或发型。但你根本不需要一一分析这些因素，就能做出选择。你就是知道。你一下子就能感觉到，你和他/她相处会很自在。

这就是固化反应。让你感觉最自在的人会触发你的背景感受，激起你的某些心情和情绪，总而言之，就是让你"感觉对了"。

但这里有一个问题：有时固化反应会将我们引向错误的道路。我们觉得自己的选择是正确的，但那只是一瞬间的反应，

---

① 基本情绪是人和动物共有的、不学而会的情绪，又叫原始情绪，有文化共通性。对于基本情绪有不同的分类方法，近代研究中常把快乐、愤怒、悲哀和恐惧列为情绪的基本形式。——译者注

结合生活环境和自身需求来看，也许它是错误的。人们常说，认识不到自己的错误就注定要重蹈覆辙，同理，认识不到自己的固化反应就注定要重复过去你与他人的相处模式。

找到反复困扰自己的固化反应

一旦认识到固化反应是如何形成的，你就能更好地理解，为什么你会以某种特定的方式回应别人。一旦弄清楚其中的原因，你就会有更多的自由、更多的选择、更多的机会。

朱迪：过去如影随形

朱迪，40多岁，离异，最近她又开始约会了。相亲时她遇到了一个男人，她当时就很动心（这是她对这个男人的背景感受）。对方很帅气，受过良好的教育，也很健谈。他谈到了之前的婚姻和他的女儿，看得出来，女儿对他非常重要。那天晚上他对朱迪说："我从没想过我会遇到像你这么好的女人。"

朱迪觉得自己迷上了这个男人。这个男人觉得她很完美，这是她一直渴望的。她的反应是固化的。朱迪的父亲在她很小的时候就离开了。她爱父亲，希望父亲能回来，而且她觉得父亲丢下的就是她，而不是母亲或家庭。当生命中出现的这个陌生男人看着她的眼睛，告诉她，她是一个"很好的女人"时，她反应很强烈。她渴望一场闪电般的恋情，对方会深深地爱上她、尊重她。但朱迪了解自己——这种固化的情感反应，虽然符合直觉，但不一定是理智的。

"他不知道我到底是什么样子，"朱迪提醒自己，"说不定我各方面都很糟，他并不了解我。"朱迪没有像过去那样沉浸在被人想象成完美女人的美妙体验中，而是真正意识到了自己的内心发生了什么，也就是说，是什么背景感受指挥她做出了这样的反应。"因为父亲在我很小时就离开了我们，我一直渴望能得到年长男人的关注，"她说，"只要看到那种把我理想化的眼神，特别是那种能激发我母性的一面的男人，我就会沦陷。"

朱迪现在知道自己的脆弱之处，所以她可以避免过于主观地应对这种情况了。不过话说回来，如果认识不到自己的固化反应，她又怎么可能做到这一点呢？

事实是，要想看清你自己和他人，你得先看清是什么样的旧创伤蒙蔽了你的判断。过去的某个场景会在你的一生中反复出现。而朱迪的场景是父亲离开了她（和家庭），每次她对男人心动时，这个场景就会重现。在重现的过程中，她总是希望对方能给予她永远无法从父亲那里得到的东西——被理想化、被安慰、被关心。这是她的固化反应。但现在她能看清楚背景感受是如何蒙蔽她的判断的，并意识到她不能通过与另外一个人的关系重建过去。她必须找到其他方式来修复内心的创伤。

你的"案发现场"在哪里？

对朱迪来说，回到"案发现场"绝非易事。她必须回到父亲抛弃家庭的那一年、那一天、那一刻——归根结底父亲也抛弃了她这个年幼的女儿。她必须回忆起那一刻的感受，反思那一刻给她带来的后果。

面对父亲的离去，年幼的女儿作何感想？他的离去对她意味着什么？她需要从父亲那里得到什么（虽然她永远也不会得到）？这又会如何影响她对其他男人的看法，比如他们应该做什么样的恋人、丈夫或父亲？

回忆创伤场景很痛苦！我的建议是，如果没必要，不要审视痛苦的过去，除非近距离的审视能帮助你了解过去发生的事情如何干扰了你现在的行为。过度审视容易让你沉湎于过去，难以继续前行。正如一位来访者所说，我希望你能够回头看一看过去，但不要长久地凝视它。

首先，你能看清楚是什么让你形成固化反应的吗？看清楚这一点你会更自由，因为如果知道你的背景感受来自哪里，你当下的情绪反应就不会对你有如此强的控制力了。这样你才能从根本上修复创伤。显然，你不能回到过去，改变你父母的性格或你与其他权威人物的关系。

我当然见过这样的人：在发现"案发现场"后，他们只想报复（那样也会伤害到他们自己）。我知道，还有一些人会诉诸悲伤，仿佛触动深深的绝望就能修复出错的地方。还有一些人选择嘲弄，嘲弄给他们留下伤痕的父母或权威人物。但如果想修复创伤，这些行为其实都无济于事。我能理解为什么有人会反应这样强烈，然而，我们也知道，愤怒、悲伤、嘲弄并不能修复过去，也无法给我们足够的补偿。

但如果你能认识到发生了什么，你就知道该如何思考。你可以理解你的背景感受，理解它们给你带来的心情。在理解的基础上，你有机会为自己开辟新的道路。

现在，你不妨做个简单的评估，来帮助自己找到"案发现场"。我在后续章节中会以此评估为基础，与大家一同深入探讨成就成瘾问题，所以做这个评估十分必要。请如实回答下面的问题。把答案写下来，它是后续进一步反思的基础。

自我评估：寻找"案发现场"

  1.对于日常琐事，你通常会反应很强烈吗？（比如，另一半把面包烤煳时，你会大发雷霆；另一半只是在共进晚餐时迟到了十几分钟，你就对他/她不理不睬；室友忘记倒垃圾时，你会非常恼火。）

  2.你是否意识到，反应很强烈很可能说明你有遗留的、未解决的冲突？它是帮助你找到"案发现场"的线索。（如果看到你的伴侣把碗筷留到第二天洗时你会很生气，那么请回想一下，你的父母在同样的情况下是不是也是如此。）

  3.你是否意识到，你曾经受到的最深的伤害仍然在影响着你现在的行为？你是否能主动去觉察自己的偏激，以避免反应过度？（例如，假设你的母亲过去常常批评你学习成绩不够出色，那现在的你是否很难接受上司、老师或顾问的建设性批评？你是否觉察到，敏感的过去是以何种方式影响着你现在的行为的？）

  4.你会主动去了解过去如何影响你现在的生活，还是倾向于认为过去对你现在的行为没有影响？

  5.你很在意别人怎么看你吗？

  6.你很在意自己的成就、收入、外表、教育水平吗？

  7.过去的哪些经历让你对这些特别在意？

  8.它们是如何干扰你现在对自己以及他人的看法的？

9.想象过去生活中的某个重要人物在你面前举起一面"镜子",好让你看清自己的能力水平。现在的你还认为自己是"镜子"里过去的样子吗?

10.想一想那个举着"镜子"的人。回忆一下:他/她让你看到的是不是真实的你?

11.你是否意识到,那些一下子就能让你感觉很自在的人和情境也许并非如此?熟悉感能让你当时觉得很自在,但最终会给你带来痛苦。

12.你是否能看清楚,过去的经验如何让你变得非常脆弱?

13.与你亲近的人是否知道,固化反应是以何种方式影响你现在的行为的?

14.你能详细解释你在"案发现场"的经历是如何影响你现在的生活的吗?

15.有朋友或家人可以帮助你了解,过去的重要经历如何扭曲了你对自己和他人的看法吗?

当你在思考这些问题时,你会清楚地回忆起哪些时刻?也许你的生命中有过这样的时刻:被抛弃,被背叛,被辜负。也许在你的童年阶段,有很长一段时间,你的自我形象被各种批评或尖刻的言论侵蚀。也许你被父母对你的重大期望所迷惑,或者你以为你的成就可以修补家庭的裂缝,缓和父母之间的冲突。你会如何找到这些场景,如何处理在这些场景中产生的情绪,以及现在的你会如何利用你所了解的情况来为你的生活做出更好的决定,这些都是对抗成就成瘾的关键方式。

别人不认可你，不是你的错

"别人尊重我吗？"每个人都应该问过自己这个问题。大多数时候，我们会说："但愿吧。"但如果别人没把你当回事呢？对你的想法冷嘲热讽，告诉你你应该为自己的感受感到羞耻，或者大肆抨击你的意见呢？这会打击你的自信心。

珍：曾被校长羞辱

小组讨论中，珍向我们讲述了她曾经在走廊上遇到校长的经历。珍在一所高中担任英语系主任，她也是最年轻的英语系主任。她为下一年的课程写了份计划，计划很具创新性，获得了系里其他老师的一致认可。校长看了她的计划后，开始吹毛求疵。可校长并没有把珍喊过去讨论这件事，而是在走廊遇到她时对她大加指责，反对她提出的课程修改建议。

珍讲这件事的时候非常生气。遇到校长时是下班时间，老师们刚好路过。大家都听到了校长对她的训斥。

你知道为什么珍会感到愤怒吗？因为这是公开的羞辱。她诚恳地提出了自己精心构思的建议，结果却在大庭广众之下遭到嘲讽。但情况并不是她看到的那么简单。珍以前就觉得，女校长这个权威人物"很麻烦，控制欲极强，总爱吹毛求疵"。不只她有这样的看法。珍说，许多老师都赞同她的观点。校监和珍是多年的朋友，她也坦言，她发现校长的言行总是反复无常。

其他组员对珍的遭遇也表示愤愤不平。校长有什么权力在大庭广众之下这样为难珍？那个课程计划是珍经过深思熟虑写出来的，而不是随口说说的。可校长的反应却毫无道理，好像珍在有意冒犯她的权威。"我当时很难堪，"珍说，"堂堂校长，竟然对我大喊大叫，而且偏巧有其他老师路过，看到听到。"

难堪的根源在哪里？很明显，校长的行为很不得体。因此，应该感到难堪的是她，而不是珍。关键问题是：**有人在走廊上对你大喊大叫，这是你的错吗？**

另一位组员的发言给了大家一些启示。"理论上，我们应该明白，当看到别人冲动行事时，觉得难堪的不该是我们。我们有什么好内疚的呢？但如果你来自像我这样的家庭，有个极为挑剔的父亲，就会很难明白这一点。我一直认为，父亲发火是我的错。"

如果你的父母极其挑剔，或者你遇到过像校长这样的权威人物——因为你表达了自己的观点而严厉地批评过你，那你就会变得异常脆弱。你的自信心受到了打击！想想发生在珍身上的事吧。在校长的要求下，珍给出了她的真实意见。她的心门是敞开的。她确实认为自己的提案很好，也花了不少心血，这时她很在意别人的评价。可她得到了怎样的反馈呢？校长贬低她。她被当众批评、责骂、羞辱，她觉得这不公平。

然而实际情况是什么呢？是校长行为不当。在场的人都认为，让珍出丑的不是她自己，而是校长。甚至学监也认识到，校长自身有问题，而且这些问题影响了校长的管理效率。这就是固化反应的力量——它能让你很内疚，让你觉得自己不值得被尊重，虽然你并非如此。

如果有人告诉你，他们不接受、不认可你的观点、信仰或情绪，那你也许需要很长时间才能意识到，你完全可以说出你的感受，说明你的信仰，而不必感到羞愧或难堪。当遇到拒不接受你的观点的权威人物时，你也应当调整好心理状态。相信我，这些是强加于你的情绪。你没有错。现在对你说话的权威人物并不是过去总在指责你的那个人。你可以选择做出不同的反应，让自己从在"案发现场"形成的固化反应中解脱出来。

多关注自己的闪光之处

还有一位名叫劳拉的来访者，她的故事令人心痛。劳拉一辈子都在跟自己的身材较劲，她的母亲虽说是为了女儿好，却因此埋下了祸根。很明显，母亲不想让女儿遭受自己经历过的折磨，却稀里糊涂地让女儿重蹈覆辙了。

劳拉：总觉得自己胖

劳拉的母亲很胖。劳拉从小到大都很注意体重。当劳拉开始发育时，母亲嫌她胖，总说她。母亲提醒她，如果不减肥，她就会与各种机会失之交臂。

她的母亲告诉她，帅哥才不会喜欢胖子。更糟的是，如果身材太胖，别人会认为她很邋遢、很懒惰，会以为她连自己都照顾不好。

劳拉和母亲会因为吃而发生争吵，但她们的矛盾不仅仅是吃。争吵会升级。劳拉为什么一点不知道自律？为什么要再吃一块面包？她是真觉得饿，还是在故意刺激母亲，惹她生气？

苦口婆心的嘱咐常常会引发争吵。要是母女俩吃饭时吵架，劳拉的父亲就会起身离开。无论母亲是一言不发，还是旁敲侧击，抑或是看女儿几眼，都会点燃青春期少女的愤怒之火："你为什么一直看着我？我是犯人吗？我恨你。怎么吃什么你都要管？"最后，劳拉跟母亲摊牌了："你怕我发胖，是因为你太胖了。"

在急风暴雨般的吵闹、哭泣之后，母女俩会陷入冷战。可如果劳拉的衣服看起来太紧，或者多吃一块饼干被母亲抓个正着的话，一切就又会重演。青春期的愤怒真实而强烈。但仅靠愤怒无法修复劳拉被伤害的自我形象。现在37岁的劳拉会嘲笑自己是"大屁股""大象腿""矮胖子"。

在其他方面，劳拉很有自信和自尊。她是高收入的职业女性。她为自己所取得的成就感到骄傲。然而，她仍然在寻求某种认可，这样她才能接纳自己身体本来的样子。

她没找到，于是她开始寻找那个完美的男人。他得长得帅。根据劳拉的固化反应，只要她能找到他，一切就都会好起来。

告诉孩子她需要减肥，责备孩子太胖——父母这么做并不犯法。但这样做确实会伤害孩子的自尊。劳拉现在只要照镜子就会紧盯着自己的身材不放。

她的眼睛会本能地像卡尺一样工作，她每天都会例行公事，用更高的身材标准、外貌标准来衡量自己。她所追求的是她永远不可能拥有的完美身材——一个理想化的劳拉。而在苛刻的衡量标准下，劳拉在镜子里看到的自己总是与理想的自己相去甚远。

青春期的孩子容易感到自卑、焦虑，偶尔也会感到害怕。

我们都经历过那个阶段，那时的"自我"非常脆弱。青春期的孩子任性自负，容易怨天尤人、牢骚满腹。别人不经意的一句话，尤其是父母的话，往往会成为孩子痛苦的根源。

随着青春期的消逝，强烈的情绪会逐渐减弱，变成低沉的回声。但在这个阶段，你的神经系统已经发生了变化，它会影响你今后的行为方式。有人说过你愚蠢、懒惰，或者说你是个怪胎吗？嗯，也许你已经习惯了、麻木了，但其中一些信息已经被你的大脑"编码"了。原生家庭创造出了你负面的自我形象，如果别人对你的诋毁与这个负面形象相匹配，你就会很容易被影响。

也许你正在努力消除这一形象并创造一个新形象。这并不容易，但你有必要这么做。

特伦斯：力求完美

来访者特伦斯是一名杰出的音乐家。不过他的父亲并没有给他多少鼓励。"音乐家并没什么稀罕的，"他父亲对他说，"只有跻身最伟大的音乐家之列，才叫有出息。"

特伦斯给我讲起他参加学校戏剧演出时弹钢琴的情景。那天他弹错了几个和弦，礼堂里的学生们爆发出一阵阵喝倒彩声。现在特伦斯的目标是成为行业佼佼者，这样就不会再有人批评他了。

特伦斯肯定还会受到批评。每个人都会。真正的问题是，当有人批评你时，你究竟会听到什么。你会不会只能听到父母气急败坏地冲你喊"你这辈子也不会有出息"这样的话？会不会只能记住同学们的喝倒彩声？你也许会对自己说"那都是过去的事了"，但这些旧伤会让你一辈子都试图去完善自己幻想中的某种形象，你误以为这种形象会保护你。被人猛批一顿后，你会非常努力地工作，你以为这样就不会再有人批评你了。

能让你看到现在的自己的镜子在哪里？怎样才能获得真实的反馈——没有被过去熟悉的批评声的回声所扭曲的反馈？

办法是有的，但要想找到这个办法，你必须先找到一面真实的镜子。你需要客观地听取你现在收到的反馈，而不是重温过去的经历。一旦能认识到旧的创伤，你就有机会建立新的关系，而不是试图改变过去，重塑过去。

你天生不凡吗？

很多时候，追求卓越和不凡的结果会出乎意料：我们并没有获得不同于一般人的"特殊"地位，反而还赶走了与我们最亲近的那些人。罗伊对生活的态度能让我们明白，"我一定要独占鳌头"的想法并不可取。

罗伊：像法拉利一样

"我吧，就像法拉利一样难伺候。"罗伊说。这句话听上去很傲慢，不过罗伊比喻得很贴切，大家听了不仅没生气，反倒笑了。这句话是什么意思呢？我们不妨结合语境来理解。罗伊正在接受小组治疗。说这话之前，他刚给大家描述完妻子是怎么受不了他的。这倒也是。谁愿意跟一辆难伺候的法拉利一起生活呢？

罗伊对自己的描述很合理，他确实难伺候。他对别人要求很高，也取得了很大的成就。罗伊是一家跨国服装制造商的高层管理人员，年薪六位数——这还只是他收入的一部分。他能取得今天的成就，一是因为他很聪明，二是因为他受过良好的教育——工商管理硕士学位助了他一臂之力。看得出来，他不仅干劲十足，十分有魅力，还很自信。

罗伊和我谈到过他的家庭，特别是他的父亲。显然，罗伊难伺候是得到了他父亲的"真传"。他父亲是一名励志演说家，但不是一般的励志演说家。"我是全国最受欢迎的四五个演说家之一。"他对罗伊说。虽然罗伊尊重父亲和父亲的意见，但这话很明显是在自吹自擂，甚至连罗伊都不信。更离谱的是，父亲能轻而易举地叫出几十个有价值的客户的名字，却不记得罗伊妻子的名字。她叫卡拉，可父亲总叫她凯伦。也就是说，这个自诩人际关系领域顶级专家的人甚至都记不住自己儿媳妇的名字。

父亲与亲人之间是脱节的，儿子也受到了他的影响。罗伊也喜欢自命不凡，虽然"他是法拉利"只不过是一种错觉。他的自我形象不是福特，也不是雪佛兰，而是他一直想拥有的一款汽车——完美无缺、令人艳羡、价格高昂的汽车。

但他这辆法拉利遇到了一个问题：妻子卡拉并没有更关心他这个难伺候的男人，而是对另一个男人产生了兴趣——她供职的会计师事务所最近刚聘用的一位离异男士。罗伊非常难过。问题是，他既希望自己是一辆线条流畅、保养良好的豪车，又希望自己能得到妻子的爱。他无法调和这个矛盾。

豪车的自我形象是以地位的象征为基础的，而不是以自己的感受。罗伊需要为这样的自我概念付出代价。这就是蒂姆·卡塞尔在《物质主义的高昂代价》中所说的"有条件的自我价值"，即承认自我价值是以达到特定的外部标准为前提的。

"当这些人实现目标时，"卡塞尔说，"他们会有积极的感受。可这种积极的感受往往是短暂的，价值感相当不稳定，因为新的挑战和威胁很快就会出现，能轻而易举地挫败他们的自尊。"

自我形象的挫败给罗伊带来了灾难性的后果，他甚至开始怀疑自己了。他可是法拉利啊，那个离了婚的男人有什么资格跟他比？他才是那个需要呵护的人。妻子怎么会没意识到这一点？妻子爱上了别人，这摧毁了罗伊最后的一点自尊。

罗伊认为自己功成名就，但妻子似乎既未忠诚于他，也不尊重他、爱他、以他为荣。她越来越不在意他，这是对罗伊有力的惩罚。要想把她找回来，他必须丢弃法拉利形象，做一个有血有肉的人。关键是，他要看到自己的不完美之处并接受它们。

你的父母把养育你当作一种投资吗？

有些父母认为，养育孩子就是对未来的投资。投资的回报有很多种形式。有些父母认为孩子应该仿效自己——工作挣钱，让全家人生活富足、衣食无忧，并照顾好年迈的父母。还有些父母对孩子的期望更多——要比自己强，能比自己挣更多的钱，获得更高的社会声望。

在有些家庭中，这种期望是隐性的。父母会间接地、隐晦地表达他们的期望，孩子只能不断地去"破译"父母的想法。比如说，孩子一直很努力、达到更高水平就会得到父母的关爱。但如果孩子我行我素，无视父母的暗示，父母就会突然变脸。可以想象，孩子们更有可能去做能让他们赢得奖励而不是遭受惩罚的事情。父母迫切需要满足感，因此能让父母觉得满足的孩子才是赢家。从某种意义上来说，我行我素的孩子会成为情感上的弃儿。

莱亚：爱的人质

　　莱亚的例子能说明父母的控制是如何植根于孩子的心理的。莱亚家的日常生活井井有条，什么时间学习、做家务、陪伴家人都是安排好的。父母不仅期望莱亚能做好她自己的事，还提醒她要承担家庭责任。"我觉得自己像是被爱挟持了，"莱亚说，"父母定了好多规矩，只要有一点做得不够好，父母就说我让他们在朋友面前丢脸了。"

　　高中时，莱亚没听父母的劝告，喜欢上了一个来自巴西的黑人男孩。每晚父亲都会数落她，告诉她巴西人、黑人"没出路"。莱亚的父亲明确地告诉莱亚，他非常鄙视他们。父母定那么多规矩只想实现一个目标：确保家庭未来"有出路"。莱亚既然是家庭的一员，也应该以此为目标。父亲警告她，绝不能把命运草草托付给一个一辈子只租得起"波士顿单身公寓"的乳臭未干的小子。莱亚只能躲到自己房间里哭泣。即便如此，她也不得安宁。父亲或母亲会随时闯进来苦口婆心地教育她，也不管她是不是在哭。

对于像莱亚这样的成就成瘾者，获得爱的唯一途径是成为别人需求的人质。然而，童年已成为过去。虽然满足别人的需求已经内化为莱亚获得爱的途径，但这个方法对于成年后的她并不管用。她的人际关系和获得的成就都不能让她觉得满足，她放弃的东西太多，得到的回报太少了。她越是努力，越会觉得自己亏欠父母——他们为她付出了那么多，而有那么几次她却忤逆了父母。莱亚的固化反应是先考虑别人的需求，忽略自己的渴望。她知道，她必须迎合父母的需要以获得认同，否则父母就会收回他们的爱。

你原本想成为怎样的人？

我们都知道，有些老师有名气是因为他们遇上了聪明、有天赋的可塑之才。最理想的情况是老师和学生互相成就。一方面，老师尽职尽责地指导学生、传授知识，学生可以轻松受益；另一方面，指导聪颖好学的学生对老师来说是挑战，也是激励。但如果老师仅凭学生的天赋来判断他们的自我价值，师生关系就会出问题。谁更需要成功的肯定——老师还是学生？

我在一些家庭中看到了类似的模式：父母把孩子当作自我吹嘘的资本。孩子会因此逐渐明白，他们得迎合父母的需要来获得认同。否则他们会面临怎样的威胁呢？父母会相应地收回对他们的爱。

约翰：无法治愈自己过去的医生

来访者约翰是位儿科医生。他的父亲是大学校长，学术声誉很高，但约翰的自我形象却很脆弱。约翰小时候，父亲总喜欢在他跟前炫耀他在分子生物学、宏观经济学、汽车修理和个人理财等领域的知识是多么渊博。约翰学会了全神贯注地倾听。"太厉害了！""太了不起了！""您怎么知道这些的？"这些话他早已烂熟于心，每次父亲显摆时，他都这样回应。当然，他因此得到了很多回报。父亲花了很多时间陪伴约翰，用父爱来回报这个男孩的关注，父子关系非常亲密。

可当约翰到了想要自己做主的年龄时，这种单向沟通的缺点便慢慢显露出来。父亲希望他听话。所以对父亲而言，约翰的自作主张比一般的青春期叛逆更具威胁性。约翰这样做等于否定了他是个知识渊博的人。于是，他不再喜欢儿子，也收回了对他的爱。如果约翰擅自做决定，无论是什么决定，父亲都会非常生气。

需要情感支持的不只是父亲。约翰的父母在他10岁时就离婚了，这对约翰的母亲打击很大。一年半之前，母亲的新伴侣去了一所文理学院任职，把她一个人撇在了中西部的一座城镇里。约翰，她唯一的孩子，就成了她倾诉的对象。她需要他来肯定她的魅力，给她打气，帮她挽回脆弱的自尊。

约翰现在也离婚了，女儿跟了妻子。这段婚姻持续了五年。他的妻子像他的母亲一样，被抑郁和失眠所折磨，脆弱的自我形象也需要不断地认可。约翰的固化反应是牺牲自我并给予他人支持。他很擅长否定自己的意愿，擅长赞美、讨好他人。通常，如果我提出一个观点，他就会恭维我，好像我真的提出了多么深刻的见解一样。只有在抚慰另一个人的"自我"时，约翰才会觉得安全。

改变固化反应

成就成瘾者很可能会重演"案发现场"人与人之间的互动。即使我们认识到发生了什么,也还是会遵循固有的模式,目的是确保让我们感到羞辱的情境永远不会重现。如果有人当着别人的面批评你身体的某个部位,你就会无休止地试图改变身体的这个部位,或者总是憎恨自己,为什么生下来就有这样的"缺陷"。让我们感觉不好和感觉良好的经验可能已经深深地嵌入过去的那些场景,以至于我们无法确定现在什么会让自己感觉好或不好。我们无法回到以前,与传递出负面信息的人(父母、教练、朋友等等)交谈,并找出那些信息的真正含义。然而,我们可以弄清楚当时的情况和那些羞辱、伤害、为难我们的人。

柯特:旧战重演

柯特是一家大型营销公司的项目总监,最近公司空降了一位副总裁,来管理他所在的部门。显然,这种操作很容易引起矛盾。副总裁要是插手柯特的项目,柯特多半会不高兴,毕竟对方是刚从其他公司跳槽过来的。而且项目已经启动了,柯特可不想听什么新指示。

但当柯特向大家讲述他最近的经历时,我们意识到,他要处理的远不只是工作上的问题。"我每天加班到很晚,拼命工作,但那个家伙(新来的副总裁)什么都不说。他倒也没说我哪里不好,可领导怎么能这样冷漠呢?也不夸我们做得好。我一直在努力,我希望他能肯定我的表现。"

为了能让新产品成功面市,整个夏天柯特经常加班,但他的努力似乎并没有给领导留下任何印象。"他只会说谢谢。有一天我跟他提起了这件事,他却只说我们得继续向前推进。"

柯特发现,如果他太在意领导的反应,就很难保持对工作的热情。"我能感觉到,他一直在用狐疑的眼神打量我。我不知道是我太敏感,还是他太挑剔。我让手下所有人都加班加点地工作,可我们到底干得怎么样,他什么也没说。有这样的领导,我可没法儿让大家伙儿还有我自己充满干劲。"

听完柯特的故事后,大家纷纷表示理解:他们也碰到过不太会跟人打交道的控制狂经理;也面临过要表现得比别人出色的压力,经受过努力却得不到回报的失望;也渴望能获得一个总在找碴儿的人的认可。

但在进一步讨论时,我们的焦点从职场人际关系、领导力与管理等话题转到了一个更隐秘、更私人、更伤人的话题。柯特说,他的母亲非常挑剔,从不认可他。在童年阶段,他就形成了凡事都要做到完美的态度,这样等于强化了母亲对他的影响。模式已经确立。他一直在寻找更大的挑战,所以他总是觉得力不从心。就算挑战成功,胜利的感觉也不会持久,他只能从头再来。

母亲从没认可过、接纳过他。无论他做什么,母亲都不满意。所以,也难怪在碰到缺乏同理心的领导时,柯特会认为自己没有达到要求,自然不会得到赞赏。

他坚持要赢得领导的青睐合情合理,因为这很像他与冷漠疏远、吹毛求疵的母亲相处。我向柯特指出,这种模式实际上是他固化的一部分。的确，我们往往会选择与那些能让我们重复过去经历的人较劲。

"你说得太有道理了，"柯特很赞同，"我开掉的都是那些喜欢拍我马屁的下属，留下的都是刺儿头。"

柯特明白，老板不太可能有很大的改变。他只能改变自己的固化反应。但柯特说出了他的疑惑：他是否有精力和动力来做出这样的改变？

我想说的是，柯特有其他选择吗？继续这样错误地看待自己，柯特会非常累。如果副总裁认为他表现不错，但他执拗地以为自己什么都做不好，那他也只能不断地重新梳理事实，以让事实与他的自我形象一致。他必须找出自己做得不好的地方，收拾残局，这需要集中精神并付出大量的努力，会给他带来很大压力。这样做有任何好处吗？说到底，这只会加强他的信念，即他不配得到别人的认可。

如果把这些精力用来改变他对自己的信念，那会怎样？柯特无法改变他的领导，就像他无法改变自己的身高或眼睛的颜色。但人可以忘记过去学到的东西，这是人的天性。"我不够好，我会把事情搞得一团糟，别人就不该认可我"——柯特有能力忘记这些。他可以改变那些根深蒂固的错误信念。对他来说，这样做远比竭尽全力去维持现状有意义。

打破迷思

如果你已经完成了第68—69页的自我评估，那你已经迈出了重要的第一步——找到了"案发现场"。在认识到固化反应是错误的模式后,下一步的重要任务是改变它们,避免它们继续重复下去。你需要忘记你所学到的一些东西,这可能很困难。首先,你需要重新认识过去。你必须接近"案发现场",然后处理"案发现场"带来的后果——固化反应。

当年8岁的我是少年棒球联盟中年龄最小的队员。教练觉得我的名字念着拗口,于是满不在乎地喊道:"嗨,那个叫乔拉米可乐、可口可乐,还是百事可乐的……赶紧起来击球!"

我愣住了。直到今天,我仍然记得那个教练的名字和他羞辱我时的表情。现在我知道了,那个教练实际上并不了解一个孩子的自我价值感有多脆弱。他只顾着自己开心,却忽略了一个8岁孩子的感受。

最能揭示问题的时刻往往是那些最不堪回首的时刻。例如,别人的批评让你觉得难堪时,你也许能理性地判断出对方的指责毫无道理,可你知道你难堪的根源在哪儿吗?你能确定你的反应的源头吗?你到底是在重复过去的模式还是受到眼前发生的事情的影响?是你的固化反应让你觉得你有错,并因此感到内疚。如果你能找到这些情绪的根源,你就能更客观地看待它们。

【工具箱2:"案发现场"的五个启示】

在本章开头,我提出了一些关于"案发现场"的问题,而下面的启示能帮助你进一步理解它们。

你是不是总因同样的问题与别人发生冲突?

启示1:当你迫切地想拔得头筹时,你可以试着去识别你脑海里的声音，它是否告诉你，你必须像某人一样优秀，必须比现在更优秀。这是你母亲的声音吗？还是你父亲的？它来自哪里？

现在想象一下，这个评判的声音针对的是别人，而不是你。试着描述你听到的内容。这些话是善意的、仁慈的、友爱的吗？还是带着愤怒、苛求和不耐烦？描述这个声音，你就能清楚地意识到，你与这个声音所针对的那个人完全不同。他/她想要的并不是你需要的。

你是不是总对同一类型的人或同一种情况反应过度？

启示2：向自己或别人描述能激起你强烈反应的人的具体性格，并分析原因。例如，如果你总是对老板的批评反应过度，那可能是因为他/她让你想起了伤害过你的父母或其他权威人物。但当前场景中的人与过去"案发现场"中的权威人物并不是同一个人。只要你能理解并看清这些差异，你就能做出恰当的反应，不再因过去受到的伤害而过度敏感。

你的家人是如何表达赞美的？是更注重成就，还是更注重你的性格（个人特质，比如诚实和正直），抑或是两者兼顾？

启示3：如果父母的认可主要基于你的表现，而并非基于你本身的性格，那么在你成长的过程中，你会认为自己的价值完全由地位、收入和外在的成功决定。许多研究证明，过度关注身外之物会导致很大的失落感。很多人一生都在努力实现更大的目标，赚更多的钱，而当他们发现地位和物质财富并不能带来幸福感和满足感时，会极度沮丧。

回想一下，别人看重的是你的哪个方面？结合事实重新思考一下，要想获得别人的爱和认可，究竟什么最重要？什么真正有用？

当你需要改变时，你是否想维持现状、拒绝改变？

启示4：如果你是在一个充满期望的家庭中长大，你可能会惧怕改变。因为在这样的家庭中，你的自尊以及父母对你的喜爱是以你的表现为基础的。在达到父母暂时的认可标准之后，你会问自己下一个标准是什么样的。当成功的标准发生改变时，你就会陷入焦虑。如果你表现好父母才会给你爱，爱不是既定的，那你就会一直需要得到他们的认可。父母的爱取决于你的外在成就。他们的标准的改变会带来一系列新的要求，让你不得不再次担心自己的表现。

你现在所面临的挑战是，无论你表现如何，取得了什么样的成就，你都要接受自己。想象你是在这样的家庭中长大的：父母爱你本来的样子。

在真正的支持性环境中长大的人，在面对变化时会更有弹性。当环境或条件发生改变时，他们不会感到焦虑，因为他们内心有足够的养分来抵御风暴。他们有信心，无论发生什么，他们都会好起来。童年时的他们在表现得不完美时，父母并不会拒绝他们。他们做的某件事也许会令父母感到失望，但这些孩子无论表现得如何，都依然能感觉到被爱。

你是否经常觉得没人认真听你说话？

启示5：如果你是在会助长成就成瘾的家庭氛围中长大的，

你会觉得自己的声音没被听见。在这样的家庭中,父母的需求是第一位的,他们很少会考虑孩子的感受或愿望。你要怎么思考,怎么感觉,你应该追求什么,这些都是由父母告诉你的。因此,你对人们倾听和回应你的方式会格外敏感。在会助长成就成瘾的家庭环境中,父母听孩子说话时不仅心不在焉,还会把对话引向更合他们口味的内容。

在这一方面有问题的成就成瘾者可能会因别人打断自己而恼火,比如在派对上。如果你发现自己会如此反应,那不妨提醒自己,派对上并不适合一对一的深入交谈。通常情况下,派对上的交流方式较为轻松,大家会互相调侃,聊天节奏也很快。即使是好的倾听者也会打断别人,说些俏皮话,他们并非有意冒犯。

谁也无法弥补我们没得到的东西,不过每个人都有权利被听见。但要注意不能反应过度。不同场合的行为规范并不相同,在某些聚会上,我们不能强求别人专心地听自己说话。

第五章

成就成瘾影响下的爱情观：
什么是真正的爱？

1. 你会痴迷于某个人的某一特征或其身体的某一方面吗？

2. 在一起时间久了的话，你会很难容忍另一半的身体变化吗？

3. 与在公共场合相比，你是不是觉得与另一半独处时更自在？

我们爱上的并不是一个人，而是一个图像。浪漫的激情让我们迷恋，让我们冲动，这个图像如同美丽的照片一样动人，如同爱情电影的配乐一样炽热，如同魔法药水一样能够激发欲望，令人沉醉。我们会忘记时间，忘记责任。刚坠入爱河的人会短暂地陷入彻底的自我欺骗的状态。我称之为"图像之爱"（image love）。

我同意众多诗人、小说家、电影人和艺术家的观点——浪漫的爱情令人迷醉、疯狂。他们努力想抓住爱情的精髓。或许我们永远都无法完全理解，为什么人类需要以这种最深刻、最有意义的方式去依恋另一个人。

但从某种程度上来说，图像之爱又很容易理解。两个人先得多方面地接触，才能了解对方。起初，浪漫的爱情会让人觉得很微妙、很神秘，但随着两个人步入同居生活或婚姻生活，相处的时间越来越久，暴露得越来越多，它就变得不那么神秘了。只有在两个人对彼此和彼此的关系深感不满时，他们才会幡然醒悟，原来错觉让他们忽略了第一次接触对方时的细节。只有随着时间的推移，他们的关系越来越脆弱，他们才能更充分地了解彼此——这让我想到了凯伦和鲍勃。

凯伦和鲍勃：他们在对方身上看到和没看到的东西

他们相识于马萨诸塞大学。鲍勃身材高挑、金发碧眼，是棒球队的投手，也是个运动健将，不过凯伦并不是被他的这些吸引。她喜欢的是他随心所欲的行事风格——鲍勃似乎完全不在意别人的想法。他其实并不粗鲁，个性也不张狂，但他看起来很自信。

鲍勃总是很笃定，这一点让凯伦很倾心。无论在场上还是场下，他都表现得从容不迫，技巧娴熟，能力过人。他们一起出去玩时，鲍勃不用费什么劲，很快就能交到朋友。而凯伦一直觉得自己存在感很低，很茫然。跟鲍勃在一起时她才发现，原来人与人的相处可以很自在，她可以不用在意别人的想法，尽情享受他人的陪伴。她不会像以前那样不断评判自己、要求自己、提醒自己要有礼貌。她觉得自己就像换了个人。

她变得很讨人喜欢。鲍勃觉得她很美，而且从不吝啬对她的赞美。他喜欢和她在一起，并把自己内心的喜爱都告诉了她。他很清楚自己的真实感受是怎样的。他很自信，也很有把握。鲍勃认为，只要他爱凯伦，凯伦就也会同样爱他。

他理当那么自信。他们毕业那年，马萨诸塞大学棒球队打进了东部决赛。但鲍勃并没有幻想着自己能进入美国职业大联盟，他认为只要能拿到学位，将来的事业就会一帆风顺。销售或市场营销是他的第一选择。无论将来做什么，鲍勃觉得自己都能很快飞黄腾达。

相较之下,凯伦的未来之路似乎更为艰难,她觉得一切都要靠自己努力去争取。她以为这是天性使然,不过努力给她带来了回报:她被评为优秀毕业生,接着去了波士顿学院攻读工商管理硕士学位。

结婚后,凯伦顺利地从商学院毕业。一年后,他们的儿子帕特里克出生了。现在儿子帕特里克6岁,女儿玛乔丽4岁,而鲍勃已经四年没工作了。凯伦只身一人来我这里做心理咨询。鲍勃酒精成瘾、赌博成瘾,正在罗得岛的一家医院接受康复治疗。凯伦要照顾孩子,要做全职工作,周末还要带孩子去看鲍勃。

凯伦想知道,当年自己爱上的那个男人、与自己步入婚姻殿堂的那个男人怎么会变成现在这样。他丢了工作,缺席了孩子的成长,被酒精成瘾和赌博成瘾所折磨,无论是在地域上还是在精神上都与他深爱的女人相隔甚远——他与当年那个自信、热情、笃定、快乐的大学生也几乎判若两人了。

是时间和经历让鲍勃变了个人?还是说她后来才真正看清楚他?这些问题我压根不用问凯伦,因为这些年来,她几乎一直在问自己这些问题。但无论如何,她不可能回到过去。

凯伦的父亲是不动产律师,母亲长得很漂亮,父亲爱母亲、宠母亲,可母亲酗酒,而且这件事只有母亲自己知道。凯伦有两个妹妹,她们都滥用药物。家庭成员之间的关系再清楚不过,只需要几分钟,凯伦就能在纸上画出一家人的关系图。凯伦像她的父亲一样,有能力、有专业技能、踏实可靠,是家庭的顶梁柱。她获得了父亲的认可并沿袭他的角色,她需要一个徒有外表却无法独立生活的人来依赖自己。

鲍勃符合这个设定吗？他不拘一格的个性非常有魅力，以至于凯伦对他的其他方面都视而不见了。如果凯伦当时注意到鲍勃有些课程不及格的话，她也许会发现他没有一点上进心。但当时她觉得这并不重要。她认为，她可以"培养他的责任感"。只要浪漫的快感还在，她就不会考虑那么多。刚坠入爱河时，凯伦希望自己能跟这个看起来无所畏惧、无牵无挂、自由自在的男人一起放纵一把。结果她像她的父亲一样，苦日子在后头。

你会被什么样的人吸引？

为什么有些人的个性能吸引你，而另一些人的个性会让你反感呢？除了诗人所描述的浪漫因素，还有什么能解释我们为何会被另一个人吸引吗？除了显而易见的性吸引力，到底是什么让一个人对另一个人如此着迷呢？

在《爱的起源》这一佳作中，三位作者用截然不同的研究方法在各自深耕的精神病学领域给出了有意思的解释。托马斯·刘易斯博士是加州大学精神病学的临床助理教授，具有神经科学的背景，法拉利·阿米尼博士则是从精神分析的角度来探讨这些话题，而另一位作者理查德·兰龙博士则擅长用精神药物治疗心理疾病，经验丰富。这三位作者汇集了他们在精神病学领域的知识，特别关注了大脑的边缘系统。在该书中，刘易斯、阿米尼和兰龙列举了大量令人信服的临床证据，生动地描述了边缘大脑是如何引导我们做出情绪选择的。

三位作者指出，大脑的边缘系统并不能完全控制我们的反应和行为，大脑的另外两个系统也在争夺主导地位。大脑的功能非常之复杂，我们无法确切地说出日常生活中的某个选择是由大脑的哪一部分负责的。然而，让这三位作者着迷，也会让我们所有人感到困惑（尤其是当我们坠入爱河时）的是书中所说的"大脑三个系统的旋涡式互动"。

因为人们最易觉察到的是大脑负责语言、逻辑推理部分的活动，所以我们会以为大脑的其他部分都听命于理性与意志。事实并非如此。言语、理性的想法和逻辑推理对大脑三个系统中的至少两个来说毫无意义。大部分头脑根本不听指挥……我们可以指挥身体的运动系统去拿杯子，但无法指挥自己的情绪。如果我们不想要一样东西或不喜欢一个人，那它/他再适合我们也没用，因为我们没法儿强迫自己。

情感依恋植根于早期的生活经历中，就像秘密交通地图一样，通过纵横交错的地下隧道给你的行为发送信号。依恋无法引导，也无法通过理性来处理。它们是大脑深处本能的情绪反应的结果，会引导你走近一些人，远离另一些人。正如三位作者所指出的，在儿童时期对个体生存至关重要的情感依恋与在成年后指导和影响个体人际关系的情感依恋之间存在联系。

个体小时候爱人的方式与他/她将来会爱上谁紧密相关。婴儿会努力去适应父母，却无法判断他们是否善良。无论身边的人是谁，他都会从情感上依恋他们。婴儿对父母的依恋是无条件的、不变的，而这也是成年后的依恋所必需的：无论对方是好是坏，是富有还是贫穷，是健康还是疾病。依恋是不带任何评判的：孩子喜欢看到母亲的脸，无论母亲漂不漂亮，孩子都会跑向她。他更喜欢自己所熟悉的家庭情感模式，哪怕从客观的角度看，这样的情感模式毫无可取之处。成年后，他的心也会向类似的模式倾斜。一个潜在的伴侣越是接近他的原型，他就越会被对方吸引、诱惑，觉得自己终于找到了归属。

因此，每天晚上，凯伦都会接听住在罗得岛的康复中心的鲍勃打来的电话。他会把开心的事和不开心的事一股脑儿都讲给她听。凯伦仍然依稀能看到当年那个金发碧眼、自信骄傲的鲍勃——这个爱的图像所掩盖的是一个永远需要别人照顾和关注的男人。

但渐渐地，鲍勃真正的样子取代了理想化的图像。凯伦慢慢明白，自己的舒适系统是如何运作的。她明白鲍勃需要她，就像她的母亲需要她的父亲一样——他们都需要稳定、有力的支持。这种感觉很熟悉。无论从理性上有多难以解释清楚，凯伦现在能看到，她选择鲍勃是如何回应了她大脑边缘系统的需求的，她的神经通路是如何绕过了理性的判断的，以及一个毫不怀疑的声音是如何代替理性对她发号施令的。凯伦也明白了，鲍勃对她的依赖是如何在自己的情感生活中占有一席之地的。

写进大脑边缘系统的爱的标准

大脑的边缘系统对人际关系的影响很大。而如果你是成就成瘾者，一些吸引你的特征可能已经被写进了你的大脑边缘系统中。

在寻找另一半时，你有标准吗？是哪些方面的标准？外貌？学历？职业前景？如果你正在寻找另一半，你可以问问自己现在的想法。这个人应该是什么样的？他/她要满足什么要求才有资格成为你的另一半？

自我评估：是图像之爱还是真正的爱？

为了评估你与伴侣的关系，请重点关注如下关键问题。它们能帮助你了解你对伴侣的态度，也能帮助你确定关系的性质。

1. 你是否有过爱情来得快去得也快的经历？

2. 你会把伴侣想象成别人——更帅/更美的人，以逃避与伴侣的亲密接触吗？（例如，"要是我能与他/她共度一晚，我就心满意足了""虽然我不愿意承认，但要是他看起来像某某，我会再次爱上他"。）

3. 你会关注伴侣的不完美之处，从而找借口疏远他/她吗？（例如，"要是他没那么胖，那我会更想跟他亲热""要是她能把家收拾得更整洁，那我下班后会更想回家"。）

4. 你觉得自己有能力爱一个人的全部吗？

5. 尽管你已经通过婚姻或其他形式的约定承诺伴侣，要与之相伴一生，你是否依然觉得你的爱很肤浅？

在回答这些问题时不妨想想看，为了逃避更深层的亲密关系，你会怎么做。假如你执意要找到理想的爱人，这也许说明你在用这种办法逃避自己的脆弱。

如果不处理好过度敏感的问题（"案发现场"遗留下来的问题），那么你注定要耗费大量的精力来让别人变得更好、更完美，而我从没见过谁能通过改造别人来治愈自己的创伤。

对于错误的人，我们为何不肯放手

在与人交往时，你很容易本能地以成就、表现和外貌作为判断别人的主要标准。理论上，按照这样的标准择偶，你的婚姻会很难完美。但事实是这样的吗？有些亲密关系看起来不错，但其实双方的感情并不融洽。尼尔和玛格丽特就是如此。

尼尔和玛格丽特：努力让婚姻看起来美满

尼尔是一家大公司的首席财务官。他和妻子玛格丽特从来不需要操心钱。他们是郊区富裕阶层的典型代表，有两个年幼的孩子，刚刚在肯纳邦克波特建了一幢新房，一家人生活美满。"我们夫妻俩看起来都光鲜亮丽，孩子也是。"玛格丽特在第一次咨询时告诉我。

为了维持这份光鲜，玛格丽特付出了大量努力。42岁的她看起来非常完美——她身材修长、极富魅力，有一双蓝色的大眼睛。她每周打五次网球，举三次哑铃。

从她的锻炼方式就能看出，玛格丽特很想扮演好她的角色。她家里有四个孩子，她是老幺。她跟父亲很亲，也很依恋他。父亲温柔可亲、才华横溢，想象力丰富，也很喜欢她。在父亲的鼓励下，她在高中时成绩非常优异，没谈恋爱，大学她读的是商科，表现同样出色。

父亲于1992年去世。三年后，玛格丽特爱上了尼尔并嫁给了他。"尼尔很像父亲，至少我是这么认为的，"玛格丽特回忆说，"他也很有冷幽默感。"

随着他们的婚姻逐渐稳定，玛格丽特意识到，这种相似只是表面上的。与父亲相比，尼尔孤僻、消极。他对玛格丽特说："我永远没法儿像你爸爸一样出色，这就是我们的矛盾所在！"

光鲜亮丽的夫妻，光鲜亮丽的孩子——玛格丽特坚持以这种形象示人。与尼尔的这段婚姻已经成为一项事业，就像她生活中许许多多的其他职责一样。她学业有成，有丈夫和孩子的陪伴，物质上也很富足。一切就像一个漂亮的画框，但保持光鲜异常艰难。

尼尔一直和一个25岁的销售代表有染。玛格丽特怀疑丈夫出轨已经有一段时间了，但最开始他矢口否认。她注意到，丈夫喝得越来越多，跟她越来越疏远。她看了丈夫手机里的聊天记录，发现了真相。现在尼尔已经离开她，和女朋友住在一起了。

光鲜亮丽的家庭，光鲜亮丽的孩子……可惜都是假象。玛格丽特只能不停地健身，尽量不去想丈夫已经搬出去并与年轻女人有染这件事。现在她又多了一项职责，那就是让丈夫与她重归于好。这其实与成就成瘾有关。"我想是我把他逼得太紧了，"玛格丽特告诉我，"我对他的期望太高了。他说，跟我相比，他觉得自己没本事，也不够聪明。我是比他能干，比他聪明，但这并不意味着我不爱他。"

玛格丽特不仅因为对尼尔要求过高而感到内疚，她还觉得丈夫出轨是她的责任。玛格丽特想挽回面子。对她来说，婚姻破裂等同于失败。她绝不想要输掉这场比赛。

玛格丽特爱尼尔吗？她想挽回婚姻是因为爱，还是因为她想赢，她成就成瘾，必须完成这项任务？为什么玛格丽特会如此渴望她的婚姻能恢复光鲜亮丽呢？

我认为玛格丽特并不知道答案。在迈入婚姻时，她已在心中勾勒好了婚姻的样子。现在，有块拼图掉了出来，她想把它放回去。如果她做不到，整张拼图就毁了。

执着于性生活方面的表现，也是一种成就成瘾？

当今社会，人们非常看重成就，以至于在很多婚姻中，性吸引力、性能力也被视为一种成就。人们对此期望很高。那如果你无法满足对方的期望呢？办法有很多。如果勃起没法儿像以前那样坚挺持久，那你可以用伟哥。如果胸部萎缩下垂，那你可以填充硅胶。胖也没事，你可以抽脂，可以通过手术让大腿和臀部变紧致。恰到好处的衣服可以让你看着更性感、更神秘、更有风情、更有力量。如果现实满足不了幻想，那你可以访问色情网站，毕竟这也不是什么难事。至于心理上的问题，性治疗师会出手相助。而生理上的问题则有润滑剂和助兴物来帮忙解决。如果是精神方面的问题，你还有兴奋剂和镇静剂。

但如果影响你们性生活的因素是成就成瘾，那么上述这些方法基本没用。首先，性行为是双方不加评判地表达爱的方式。可如果你在要求自己表现完美的同时还在评判另一半的话，你怎么可能不挑剔？如果成就成瘾影响到你的性生活，你会丧失很多心血来潮的感觉，比如不再突然变得很好奇、很渴望对方。你也会丧失一些人的基本需求，比如不再渴望与人亲近、赤裸相拥的温暖的感觉。

布莱恩和玛丽·贝丝：就连性爱也需要提前安排

布莱恩和玛丽·贝丝在一起生活了七年，他们彼此相爱，但他们的婚姻是禁欲式的。为什么会这样？他们的激情去哪儿了？为什么做爱变得那么困难？

玛丽·贝丝吞吞吐吐地跟我讲起上周三晚上的事。跟往常一样，玛丽·贝丝已经提前计划好星期三要做些什么，她的计划具体到每一个小时。这是她的习惯。

晚饭后，她开始处理税务问题。她拉开抽屉，取出文件，把收据整齐地码在桌上，打开电脑开始工作。布莱恩悄悄走到她身边，用胳膊搂住她的脖子，开始挑逗她。这让人感觉好极了，她很喜欢。过了一小会儿，他在她耳边说："我在卧室等你。"

回过头想想，她不明白自己为什么没立即回卧室。税务的事完全可以留到第二天再做。就算晚一天报税，她也不会被逮捕或罚款，可是……

她也不知道自己当时是怎么想的了。听她说话我能感受到，这些年来，她的内驱力非常强大。她从不偷懒。什么事只要下了决心，她就一定会做好。她的满足感来自能出色地完成工作。所以，那天她在电脑前又工作了一小会儿，接着又是一小会儿。布莱恩没回来找她。楼上一点动静都没有。她想，再过十五分钟，她就能干完了，然后……

最后走进卧室，玛丽·贝丝才意识到布莱恩深深地受到了伤害。她跟他道歉，试着开玩笑缓和气氛，但那一晚他们又是背对着背睡觉的。玛丽·贝丝意识到了问题所在。"这件事是我不好，"她说，"有时我急于把事做好，忽略了我们的关系。"

玛丽·贝丝和布莱恩聊了聊这个敏感的话题，他们发现，这并不完全是哪一方的错。布莱恩也成就成瘾，只不过表现为另一种形式。玛丽·贝丝在遇到他之前谈过几次恋爱，他一直想知道，跟那些前任相比他怎么样。玛丽·贝丝从没说过这件事。这算是个问题吗？对她来说也许不算，可布莱恩却极其看重她的评价。他一直想知道他是不是不比他们差。他表现得怎么样？这份答卷他能得多少分？

玛丽·贝丝其实有很多话想告诉他，但她不想给他打分。她想让他知道，跟他在一起时她觉得拘束。可她知道这些话不能说。"我不敢告诉你我的喜好，因为你太在意自己在床上的表现了。"

布莱恩辩解说，这些他们之前都聊过，很久之前就聊过，也告诉过对方自己的喜好。

我的看法是，人的身体和激素水平都会随着时间的推移而发生变化，我们对身体接触、情感和性生活的需求也是如此。玛丽·贝丝并不是在考验布莱恩，布莱恩也不是在质疑玛丽·贝丝。只有敞开心扉，诚恳地对话，两人才能步调一致。他们并不是不爱对方。也许经过这么多年，他们可以更有信心，他们的爱是既定不变的事实。无论性能力如何，这都不应该被看作一项可以衡量的成就。他们不需要通过好的表现去赢得对方的爱。

什么是真正的爱？

小组讨论时，所有组员都关注到一个反复出现的主题：什么是爱？这个问题跨越了性别、年龄和社会经济地位的差异。令人惊讶的是，即使是在充满爱的家庭中长大的人，也会有这样的疑问。成就成瘾会让我们不断去比较、衡量和竞争，而这些都不是爱的组成部分。

在激情之爱阶段，这个问题会更难回答，因为它掺杂了情欲。大家都觉得性既令人迷醉，又让人困惑。在小组讨论中，我们经常谈到性的"捆绑作用"和"蒙蔽作用"。当我提到这两个术语时，大家纷纷表示认同。每一个坠入过爱河的人都很熟悉这两种作用。

捆绑是指纯粹的身体吸引——情欲、汹涌的激素和性兴奋。蒙蔽则是指错觉像一面屏风，遮蔽了爱的对象，即作为激情目标的伴侣。他/她不是一个真实的人，而是沉醉和狂喜的源头，是情欲的对象。当性的捆绑力量和蒙蔽力量达到前所未有的强度时，人便不能真正看清楚对方的全部。他会觉得自己所爱之人没有，或者说几乎没有缺点和不足。

对方的图像好似是用最鲜艳浓烈的颜色画出来的，只会让人产生性兴奋。要想让画中人看起来跟真人一样，你得把颜色调淡、调暗。但这需要时间。需要等到关系成熟，你才能欣赏对方更微妙的色调。

当你陷入带有捆绑和蒙蔽色彩的性关系中时，那个人的图像对你来说就是一切，会对你产生磁铁般的吸引力。只有当吸引力变得不那么急切而强烈时，炽热的色彩才会开始变冷，你才能慢慢看到对方的真正轮廓。

但如果你是用表现或成就来衡量你们的关系，那会怎么样呢？另一半不再像以前那样渴望你，是否说明你很失败？如果你成就成瘾，答案是肯定的。当性关系慢慢变得疏离——这是势必会发生的事——你会感到压力越来越大，因为你想恢复往昔的性吸引力。

不用说，随着年龄的增长和关系的成熟，这会越来越困难。当性爱不再像以前那样炽热美好，注重表现和成就的人就会问："我该做些什么？"换句话说，怎样才能找回往昔富有激情的性爱？

然后，你会列出一长串清单：减肥十公斤、做腹部整形或隆胸手术、服用伟哥——如果你成就成瘾，你总可以做点什么——多锻炼身体，让自己更有魅力……可如果清单上的每一项任务都完成了，你们的性爱还是没有变好，下一步你该怎么办？

这种焦虑且令人精疲力竭的追求的核心是一种假设，即靠努力赢得的爱情才是世上唯一值得拥有的爱情。如果你成就成瘾，你可能会问自己："我有这么多不完美之处，另一半怎么可能爱我？"或者当你意识到你的性生活不如从前时，你会分析你的伴侣出了什么问题，并且问自己："我得做点什么，才能让我们回到原来的状态？"

但这些问题本身就是错的。令人迷醉的性关系只存在于想象中。实际上，随着爱情关系的成熟，评判的标准会变得不那么重要。人类永远是不完美的，也不可能完美。如果你成就成瘾，那么你根本无法相信你本来就是个有魅力、值得被爱的人，你不必通过任何测试,也不存在任何衡量标准。你也不必做什么惊天动地的事来赢得别人的爱。实际上,别人爱你,正是因为你的不完美之处,而不是因为他们恰好没看见你的不完美。

爱具体的人而非抽象的人

在玛丽·贝丝和布莱恩这样的关系中,心血来潮的性爱已经被理性的爱所取代,彼此相爱的力量比疯狂热恋时所产生的错觉的力量更强大。而"相爱"和"恋爱"是有区别的。

我再次求助于《爱的起源》的三位作者,希望他们能帮助我定义这两者的区别。我们也需要再次了解大脑边缘系统的工作原理,因为它能激发人与人之间不可阻挡却又无法解释的吸引力。"相爱,"书里写道,"从大脑边缘系统的活动来看,不同于恋爱。"作者认为,要从恋爱状态过渡到相爱的状态,必须经历一个彻底的成熟过程。

相爱是两个人同步进行适应和调节,在很大程度上取决于两个人对彼此的了解。恋爱只需要建立某种情感所必需的短暂相识,而不需要认真阅读一本灵魂之书,从序言一直读到尾声。相爱源于亲密,源于对一个陌生灵魂仔细而长久的凝视……一个知道如何去爱的有修养之人会明白,亲密关系的培养需要时间。时间能告诉一个人恋爱与相爱的区别;时间能告诉一个人亲密关系的价值,那是生命的依存之本。

如果你成就成瘾,你可能会发现,从恋爱过渡到相爱非常困难。恋爱充满了性张力，而性张力有很多种表达方式——强烈地吸引、征服和制造浪漫。你必须从这种状态中走出来，进入被对方无条件接受和无条件接受对方的那种状态。如果爱一个人，一切都是自然而然、水到渠成的，你不必做任何事情去赢得爱，也不需要达到任何标准来让对方觉得你值得爱。给予和接受都是无条件的。

但是，这种认识会令人不安，会使人产生一种强烈的虚无感。如果爱是无条件的，那么你一直在努力争取的是什么呢？如果不需要通过任何测试，那么你一直在努力实现的又是什么？

当成就成瘾者告诉我，他们不知道如何去爱另一个人时，我怀疑他们只说出了一半事实。另一半事实是，他们还不知道该如何接受爱。

当你对爱的意义有了新的认识时，之前的想法就会崩塌。没人能在另一半身上得到自己正好想要的东西。所以，如果你想要一段关系持续下去，你必须改变或收起你的标准。有趣的是，如果在与另一半相处的过程中，你固有的想法受到了挑战，那你的自我意识会变得活跃，爱也会加深。你能拓宽自己的视角，接纳对方的差异，并为此感到自豪。如果你能接受对方与你不同的期望，你就会看到亲密关系的真正回报。

每个人都想获得爱。然而，成就成瘾者经常会通过其他方式来满足自己的渴望。当你对亲密关系的未来失去信心，转而以成就为标准时，你就会变得过度渴望成就，变得孤立无援。成就成瘾者会放弃本来充满希望的亲密关系，转而一心追求成功，永不停歇。

当然，我们能认识到爱有多么复杂。最大的挑战是要厘清你的感受，从而看清你对亲密关系的期望。日记可以帮助你厘清感受。你可以通过写日记的方法来思考下面这些主题。

1.描述通常是什么因素让你强烈渴望恋爱（例如，"我觉得我在工作中很失败""我最近很沮丧""我的生活似乎很无聊"或"其他人取得的成就似乎比我多"）。

2.描述通常哪些因素会让你的渴望减少，也就是"出离爱的阶段"（例如，"她没我以前想的那么好看""他没有我原来想的那么有钱"或"她没我想的那么有能力"）。

3.如果你与对方已经确定恋爱关系，请描述你与伴侣"渴望爱的阶段"和"出离爱的阶段"出现的频率，想想看，它们是由哪些因素导致的，并将其写下来。

4.你的投入和疏离的模式说明你的个性是什么样的？这种模式是说明你有维持亲密关系的能力，还是说明你惧怕亲密关系？

5.据你观察，你的父母很爱对方吗？你母亲的爱肤浅吗？她是宽容的还是挑剔的？你的父亲呢？

6.描述一下与你同性别的家长是如何教你去爱的。他/她是否对另一半期望过高？他/她是否会根据对方为自己所做的事来决定如何爱对方？

7.描述一下与你不同性别的家长是如何教你去爱的。他/她是否对另一半期望过高？他/她是否会根据对方为自己所做的事来决定如何爱对方？

8.在你成长的过程中，哪些关于爱的经历让你印象深刻？描述一下你从原生家庭中学到的关于情感、性满足、亲密关系和身体接触方面的知识。你认为这些行为对你的父母有什么影响（例如，让他们不会感到脆弱，或者让他们保持掌控感）？

9. 非理性的、情绪性的学习（这里是指个体早年受照顾者非理性情绪的影响而形成某种行为模式或信念）是否影响了你爱的能力？请描述具体情况。情绪性的学习对你建立和维持亲密关系的能力有何影响？

10. 你有勇气把这些信息告诉你的另一半吗？如果你通常开启的是防御模式（例如，"我不需要和任何人分享这些"或者"他不会理解我的"），那不妨把你的恐惧写下来，问问自己它们是否真的存在。

记录你在思考这些问题时所感受到的情绪（焦虑、悲伤、恐惧等等）。这些情绪可能已经影响了你在更深层爱人的能力。把它们作为了解自己过去的线索（例如，"我担心我的丈夫/妻子会像我的父亲/母亲在他们的婚姻中那样否定我的感受"），进而了解你现在所担心的事情（例如，"如果我被否定，我担心我会像我的母亲/父亲那样变得抑郁"）。试着打破僵局，告诉你的另一半，你在思考这些问题时有什么发现。

在共情中获得成熟的爱

有时我会问成就成瘾者一个问题，让他们直面痛苦的现实：假如你和另一半初次见面是在今天，你还会选择他/她吗？换句话说，你在对他/她了解那么深，图像之爱早已不复存在之后，还会做出同样的选择吗？如果答案是否定的，那是为什么呢？

大家的回答很能说明他们正处于亲密关系的哪个阶段。正如我在我的上一部作品《共情的力量》一书中所指出的，所有的婚姻都不可能是一条坦途，双方的感情也不一定会日趋笃厚。正如我们所知，这条道路坑坑洼洼，起伏不平。但我们对另一半的共情程度往往反映出亲密关系的走向。

我们会经历亲密关系的各个阶段，虽然道路崎岖，各个阶段总有反复，但这段风景优美的旅程总会吸引我们去"了解对方"。第一个阶段是"理想化"，在这个阶段，我们会被爱情冲昏头脑，看到的都是扭曲的现实。第二个阶段是"两极化"，曾经我们认为"一切都十分完美、正合我意"的想法会彻底走向另一个极端，我们会开始在意对方身上的小瑕疵和小毛病。我们会注意到对方的不完美并试图逃避、躲藏，因为对方的弱点似乎在某种程度上恰恰映射出我们自己的脆弱之处……我们可能会从两极化阶段掉头，回到理想化阶段，然后重新来过；或者继续在坑洼起伏的道路上奋力前进，希望最终能踏上坦途。在这个过程中培养了耐心、责任心、理性以及最重要的共情之后，我们就能进入第三个阶段——整合。当我们拥有了全景视野时，就能看到对方的整体，他们既有"好"的部分，也有"坏"的部分。在这个阶段，我们会只看真正重要的东西而放下那些无关紧要的东西。

里克：学会爱不完美的女人

结婚多年的里克曾经离开过他的妻子，可后来又回到了妻子身边。他们又开始见面、约会，这让里克有机会重新认识了他的妻子。之前他很熟悉妻子的某些方面，却并不了解她的另一些方面。我问他："你会再次选择她做你的妻子吗？"答案是肯定的，而且他正在为此而努力。他还给我讲了一些事，让我对他们关系的转变有了更深入的了解。

"她并不完美，当然我也不完美，但她人真的很好。她愿意为她的家人和我的家人做任何事。她还非常热爱生活。这些都很重要！"

里克刚结婚时，他们的性生活并不和谐，这是他们对彼此总是很失望的首要原因。但现在，里克会权衡，在他们的关系中，到底是性生活更重要还是其他方面更重要。"是的，她在床上很放不开。她总是对自己的身体不满意，以前我也会觉得她身材不够好，嫌她胸小、胳膊粗。现在我会说：'她爱我，我也要接受她的全部。'"

以前，里克总是幻想着能与一个完美的女人结婚，拥有一位理想的性伴侣。现在他不那么想了。"完美主义只是一个梦，并不值得去追寻。"里克说，"我的确贪恋过身材完美的女人，但我的妻子可能也想和一个完美的男人在一起。但那只是幻想，不必当真。这样我也会觉得自己更好。"

走向成熟爱情的过程往往对双方都是挑战。随着理想化的光环褪去，你们不再像当初那样欣赏对方，会互相看不顺眼。在某个关头，你得做出选择：是敞开心扉，弄清楚应该在哪里找到平衡点，还是固执己见，最终导致你们的关系陷入僵局？

很明显，里克已经能与妻子共情，完美对他而言不再重要了。他已经超越了图像之爱，超越了两极化。现在他能够自己做出判断，什么是真正重要的，什么是无关紧要的。新的生活在他面前展开了。里克进入了亲密关系的最后阶段：整合。

适合比完美更重要

当两个人的爱情逐渐成熟，达到整合阶段时，双方需要谋求平衡。虽然关系并不完美，但他们都能意识到，需要彼此妥协，找出适合彼此的相处方式。尤金和布伦达在相处的过程中发现了这一点，这对他们很有启发性。

尤金和布伦达：放下怨恨

尤金和布伦达即将步入婚姻殿堂，婚礼计划却推迟了两次，因此两人陷入了拉锯战。每当布伦达打算落实婚礼细节时，尤金总是忙得不可开交。

尤金是证券公司的分析师，在他们公司，被领导严厉批评是常态。他一心扑在工作上，常常加班到十点、十一点，周末也不休息，生怕自己表现不好。布伦达最初会被他吸引，是因为他看起来沉稳、坚定，与她情绪不稳定又靠不住的父亲完全相反。最初与尤金相爱时，她十分欣赏他有条不紊的生活方式。尤金在她心中的形象很好。

尤金则觉得布伦达很有主见、很能干。布伦达在公司里步步高升，让她母亲的退休生活没有后顾之忧，还会给她的兄弟姐妹出谋划策。她总能把事情安排得妥妥当当。

在图像之爱阶段，尤金喜欢听布伦达的指挥，布伦达也喜欢尤金的情绪稳定。然而，当图像之爱逐渐褪色后，尤金觉得布伦达太咄咄逼人了，而布伦达也觉得尤金做事犹豫，一点都不果断。

最开始约会时，他们没注意到对方的这些行为模式。那时一切都很美好。但现在尤金很反感布伦达对他的掌控，而布伦达则讨厌他那么被动。

我告诉他们，这是所有夫妻都会面临的困境，他们好像顿悟了。这对情侣现在开始明白，他们不能停留在图像之爱阶段，他们需要整合。双方都应该退后一步。这样尤金就可以让布伦达慢下来，三思而后行；而布伦达可以鼓励尤金更大胆一点，不必等到万无一失再行动。

看了尤金和布伦达的故事后，你是否觉得他们所经历的过程似曾相识？要想进入爱情的更高阶段——整合阶段，我们必须理解对方。最初，我们被对方吸引是因为对方能弥补我们的缺憾。我们会被伴侣某方面的性格所吸引，是因为我们在这方面做得不够好，而对方在这方面很优秀。但接下来，我们会逐渐心生怨恨，因为我们的缺点被放大了。我们会拿自己的短处跟另一半的长处比，总看到自己的不足。

但是，如果你和你的另一半可以超越图像之爱，走向整合，你会发现，你可以从对方身上学到一些东西。的确，你不能依靠对方来弥补你自己的局限性，但也许你会很乐意学习对方的优点。请努力去实现这种平衡，尽管看起来很务实，一点也不浪漫，但这也许是通往永恒之爱的关键。

【工具箱3：图像之爱的三个启示】

在本章的开头，我提出了三个与图像之爱有关的问题。对于这三个问题，你的回答有肯定的吗？如果有，不妨看看下文中的启示，它们能帮助你处理这些问题。

你会痴迷于某个人的某一特征或其身体的某一方面吗？

启示1：在醉心于完美的模特或演员时请想一想，你为什么会被这个人吸引。你是被对方美丽的五官、漂亮的衣服所吸引，还是被其性感魅惑的姿势所吸引？说出这个理想的男人/女人最令你向往之处。

现在请回想一下，你和认识的人在一起的幸福时刻。（这个人可能是你现在的伴侣，尽管你可能已经忘记了当时的感觉。）是什么让你觉得幸福？想一想你们当时说过的话，你们抚摸彼此的方式，或者有对方陪伴的感觉。

试着界定屏幕里或照片中的理想人物与真正让你感到幸福的人之间的相似之处与不同之处。现实生活中的人为什么会吸引你？是姿势、衣服和身材，还是其他特质让你觉得他/她很有魅力，相处起来十分舒服？你能把另一半身上真正吸引你的特质与你的理想人物的虚幻特质区分开吗？

在一起时间久了的话，你会很难容忍另一半的身体变化吗？

启示2：当然，身体上的变化是不可避免的，但在能共情的关系中，感觉到变化是增进亲密关系的机会。青春不再的妻子可以问问丈夫，他看到这些变化是什么感觉。他觉得她外表的显著变化是更有魅力，还是不可思议、令人生畏？怀孕或者更年期会带来怎样的变化？这些变化对他意味着什么？他看待她的方式发生了怎样的改变？

男人除了会担心自己外表的变化，还会担心自己体力和性能力的衰退，并极有可能需要通过沉默来掩盖生理上的不足。但是，尝试解释这些身体变化和随之而来的情绪，能帮助双方实现共情和理解。如果他谢顶且肥胖，妻子还会觉得他有吸引力吗？如果勃起很困难怎么办？这对她意味着什么？她是否会觉得丈夫不像以前那样喜欢她了？是否会觉得他无法履行丈夫的职责，或者在某种程度上辜负了双方的期望？

伴侣之间一定要谈论这些问题。我发现，当有关性的敏感问题出现时，双方经常会诉诸猜测、影射和暗示。那样很容易造成误解，双方的距离会拉得更远。例如，在怀孕期间，一个非常在意体重的女性会觉得自己变得臃肿不堪、毫无魅力，她可能并不知道，丈夫实际上觉得她跟以前一样好看，甚至更有吸引力。但如果她不问，丈夫怎么会说出他的想法？反过来，一个以结实的腹肌为傲的男人可能会厌恶自己日益凸显的肚腩，他心里会想，"我得练练肌肉了"。但这是为了谁？他以为妻子觉得他大腹便便很不好看，有腹肌更有魅力，但他可能完全错了。如果他不问，妻子自然不会说，那他永远不会知道她的想法。

与在公共场合相比，你是不是觉得与另一半独处时更自在？

启示3：也许你希望你的另一半有更受人尊敬的头衔，社会地位更高，影响力更大；也许你会羡慕别人拥有的东西——

学历、长相、车子、房子、金钱……

当然，你有选择权。你可以努力把自己变得跟那些层次更高的人一样，拥有出众的外表和雄厚的经济实力。但要注意，你可能不得不放弃你与另一半独处时的舒适自在。

你有多在意你们给彼此的慰藉？它对你来说很重要吗？如果你不重视培养亲密关系，而一味地努力追求公众的认可，那你很可能会发现图像之爱会成为你们关系中反复出现的问题。但如果你与伴侣待在一起时就已经觉得心满意足，如果你们能彼此共情，那你根本不会贪心不足，也不会觉得跟别人有什么可比之处。如果你是用社会地位和事业成就来衡量自己，那说明你更看重的是身外之物，而非内在品性。

你的另一半永远提高不了你的社会地位，也给不了你渴望的成就和荣誉，只有你自己能做到这些事。只有当你放弃从另一半那里寻求这些东西，你才能更容易地获得共情、理解和爱。只有无条件地接受对方，而不是要求对方为你实现难以企及的目标，你才能得到这样的回报。

坠入爱河很容易，但真正的、持久的爱需要彼此长久的了解。共情——能理解对方独特的一面并给出适当的回应——是了解对方、学会爱对方的关键。也请你的伴侣完成本章的自我评估，并在日记中写下几个问题的答案，然后两人要沟通彼此的想法。请将本章内容视作一个机会，利用它重新唤醒你们对彼此的爱。要定期复盘，不断增进对自己和对另一半的了解。

第六章

**成就成瘾影响下的事业观：
不甘平凡，向上流动**

1. 你讨厌自己在各方面都表现平平吗？

2. 把你的表现与别人相比的话，结果是否会让你的情绪出现波动？

3. 当别人表现出不完美或弱点时，你是否会觉得他们"不行"？

有些人会觉得"平凡"这个词很可怕。平凡意味着你没有其他人出色，没有其他人优秀。平凡之人不过是芸芸众生中的一员，默默无闻、无人知晓。

美国精神的本质就是拒绝平凡。美国的历史是一个民族不断向更广阔的未来推进的神话。我们是梦想家和问题解决者，是坚毅的个人主义者和独辟蹊径的思考者。没有什么能阻挡我们前进。我们一定会实现目标，完成使命。我们会吸取昨天的教训，努力建设更好的明天。每个人的生命轨迹，就像这个国家探索和成长的过程一样，是向上的、向前的。这是一种看待世界的方式——无论世界给我们设置多少难关，我们都将突破它们。

这个神话既是宏观的，也有微观的一面——有一套每天都在支配着我们的运作原则，这些原则改变了我们的自我认知。因为如果人人都惧怕平凡，如果平凡是成功和成就的对立面，那怎么可能会有人安于平凡，安于"还行"或"还可以"？如果你偏离了成功的轨道，胸无大志，期望破灭，那你还有机会获得幸福吗？当你停止努力、梦想、渴望、追求和实现成就时，你不会感到痛苦吗？

如果你是成就成瘾者，你会疏于照顾自己，忽略与另一半的日常相处，因为你一直在埋头努力。照顾自己指的是坚持锻炼，保持健康的饮食习惯和良好的睡眠习惯等。日常相处指的是给你的另一半一个早安吻，在晚上睡觉前说"我爱你"，等等。

有些人担心，平凡会让人类放弃一切抱负，他们认为，平凡普通的生活非常可怕。许多人不愿意安于平凡，因为他们惧怕面对残酷的失望。其实大多数时候，他们会得到丰厚的回报。只不过这个过程会让人不安，因而我们需要改变观念，并重新评估大多数人推崇的价值观。

跨越阶级、向上流动的神话

你也许根本不允许自己沦为平凡之辈，更不可能欣然接受自己很平凡的事实，但我建议你先思考一下你对成就的定义。我说的成就不是你获得的证书，不是成绩单，也不是简历。你认为"成就"意味着什么？

我认为这个问题非常西方化。许多人接受了向上流动的概念：如果我们没有生在上层社会，那我们至少应该有机会步入上层社会。这种看法意味着我们有权利为成就和功绩而奋斗，有权利因良好的表现而获得奖励，并最终改善自己的状况。

请再仔细思考一下向上流动这个概念。你认为它有哪些含义？社会的认可也许是其中的一个方面。此外，可能它还包括一定的名气和名声。不过，就算你的名字没出现在名人录里或者全国性报纸的新闻头条里，你仍然能向上流动。归根结底，我们不得不承认，说到向上流动，普遍被大众所接受的衡量指标是以财产、收入和职业成就的形式出现的。

想想你自己的生活。你是否看到面前有一个梯子？童年时期你就会了解到，自己的起点是在梯子的哪一级。你的种族背景如何？你的父母、祖父母或更早的祖先是什么时候来到这个国家的？过去的几代人是做什么工作的？你是在什么样的家庭和社区长大的？找到这些问题的答案，你就会对自己的起点有一些了解。

这个梯子会通向哪里？对于成就成瘾者而言，要想获得自尊心，他们必须向上攀爬。瘾越大，梯子越陡。

彼得：如何定义成功

彼得的父亲从普林斯顿大学毕业后，又进入哈佛大学法学院学习。在那里，他以全班第三名的成绩毕业，然后即被纽约一家业内领先的律师事务所聘用。几年后，他成为该律师事务所的合伙人，也是保险行业著名的诉讼律师。他的收入和投资回报每年高达百万美元。他有好几处房产和一艘游艇。而他唯一的儿子彼得高中毕业后到技术学校学习了两年，后来成了一名建筑承包商。

想一想这个故事。你会感到不解吗？会认为这不太可能吗？你认同谁？你会为彼得感到遗憾吗？他出生在这样条件优越的家庭，却没能上大学，而是读了技校，成了一名建筑承包商？还是会同情彼得？你是否会想，他买不起他父亲所拥有的房子、汽车和奢侈品，这得多痛苦啊？你是否想知道，到底是哪里出了问题？为什么他会选择建筑行业，而不是利用父亲的人脉，去法律领域或金融圈工作？要是你足够坦诚，你恐怕还会承认，你觉得彼得不如他的父亲。

但故事还没讲完。彼得的父亲结了三次又离了三次婚，现在和交往对象相处得也很不愉快。他一直都不喜欢做保险业务，如今却为了与之有关的巨大利益让整个律师事务所都陷入了困境。而彼得的建筑生意很成功，他组建了一个施工队，手下有十几个人，这些年来大家密切合作，也赚了不少钱。每年彼得都会休至少一个月的假，来陪伴妻子和孩子。

故事的后半部分会影响你的看法吗？当然会。但彼得身上要有多少这样的"补偿"因素，才会让你真正相信他确实向上爬了一级梯子？我的观点是，向上流动的概念——每代人都要比上一代人取得更多成就的想法，在我们每个人的心中都根深蒂固，所以我们总是会通过表象来对自己和他人做判断。

不甘平凡，向上攀登

上文故事中的彼得及其父亲都是虚构的人物，而下文故事中的格雷格则是真实存在的。正因如此，格雷格的故事更复杂。

格雷格：高标准，高代价

有些家庭会在自己周围竖起一堵看不见的墙，将平凡的世界隔绝在外，以保护家庭中的每个人不受外界影响。在这样的家庭里，普遍存在一种"我们与他们不一样"的心态：我们——家庭成员——会设定更高的标准，会对自己负责，对每个家庭成员有更高的期望，能容忍的错误也更少；他们——家庭以外的人——喜欢敷衍了事，甚至潦草过活，我们与他们完全不同。

格雷格就是在这样的家庭长大的。他的父亲是某小城市里颇有名气的家庭医生。父亲只允许孩子与家族内部成员和他选定的朋友交往。他对家里所有的孩子都要求很高。他希望孩子能恪守家规。他要求每顿饭都不能糊弄，菜品必须精致。格雷格有三个兄弟，在规定的时间段，每一个孩子都必须专心写作业，谁都不能打扰他们。做完学校作业后才能安排兴趣活动。不管是参加体育活动还是学习乐器，父亲都要求他们努力做到完美。"既然做了，就要做好"是父亲的信条。

母亲是父亲的贤内助。她总是面带微笑，寡言少语，丈夫怎么吩咐，她就怎么做。她按照丈夫的意愿准备饭菜，督促孩子们遵守他制定的时间表。一家人准备出门旅行时，她会收拾好行李，把一切都准备妥当，以确保大家能准时出发。

回想起童年，格雷格说："我觉得自己孤零零的。我不断地取得成就，却觉得这一切毫无意义。"但童年太过久远，有些事格雷格可能已经记不清了。他可能已经忘记了他原生家庭的一些基本情况。依我看，成就对格雷格来说并非毫无意义，而是生存下去的必要条件。如果失败了，这个家里的孩子们会怎么样？如果成绩一落千丈、晚饭时没按时出现在餐桌旁或者拒绝服从父亲的命令，他们会怎样？在"我们"和"他们"界限分明、格雷格的家人和外人界限分明的世界里，要是有谁胆敢违反家庭的"丛林法则"，就会被淘汰出局。如果格雷格失败了，或者违抗、忤逆他的父亲，他就将不再是家庭中的一员，不再享有相应的地位和特权。父亲会认为他平凡且一事无成。

与这样完美主义的父亲生活在同一个屋檐下，风险很大。格雷格要么屈从于父亲的威严，获得成就，赢得认可，要么忍受家人的冷漠和蔑视。在一个与外人隔绝的世界里，没有成就就会被排斥。如果越过分界线进入平凡之地，他就完全没有回头路可走。他生活在一个享有特权的伊甸园里，但伊甸园有规则，违反规则会遭到惩罚，会被流放。

作为一个男孩，格雷格一直没偏离父亲设定的轨道。他努力学习，成绩优异。格雷格刚刚对体操表现出兴趣，父亲就开始念叨他的信条，"要拼尽全力"。他的儿子必须成为体操冠军。

没过多久，格雷格就开始天天训练。他参加了一场又一场的比赛。看起来他心无旁骛，但过于密集的训练让格雷格近乎崩溃。他的心态和父亲一样——把每一次比赛当作最后一次那样认真对待。冠军不都是这样的吗？

功夫不负有心人，格雷格高中还没毕业就入选了奥运会国家体操代表队。这是一次巨大的胜利。但他只是努力装得很高兴。回首那段时光，格雷格说："我讨厌奥运会。我痛恨训练，痛恨对失败的恐惧，痛恨对父亲愤怒的恐惧。我一点也不高兴。"

在备战奥运会的同时，格雷格被密歇根州立大学录取了。他开始学习医学预科课程，一切似乎都很顺利。但在格雷格读大三那年，他的父亲自杀了。

在那之后，格雷格没有"按照既定路线前进"，今年48岁的格雷格告诉我：父亲去世后，他放弃了体操。说到底，他从未真正喜欢过这项运动，只不过是为了取悦父亲。他也放弃了医学预科课程，因为那不是他真正的兴趣所在，只不过是父亲的希望。但选择自杀的父亲自己的人生都有许多缺憾，格雷格不能步父亲的后尘。

大学毕业后，格雷格进入房地产行业，最终在马萨诸塞州西部开设了连锁公司。然而，尽管他已经与一切可能取悦父亲的东西脱离了关系，但不变的内部机制仍在起作用。格雷格像他的父亲一样，无法甘于平凡。他卖命地工作。就算不用成为优秀的体操运动员或者医术精湛的医生，他仍然得成功，得超越其他人，他得不惜一切代价，看准目标前进。

女儿就要出生时，格雷格抽时间赶到了医院。他在产房里只待了几分钟就觉得焦躁不安。那天是个工作日，格雷格当时还有重要的事情要处理，便离开了产房。中午双胞胎女儿出生时，格雷格正在忙着打电话。

格雷格并不记得是哪一笔生意让他鬼使神差地离开了产房，也不记得当时他为什么认为那笔生意很重要。他只记得，女儿出生时他不在。或者说，他的肉体在，但精神上和情感上是缺席的。仿佛追求成功的冲动扼住了他的喉咙，就是不肯放过他。他想知道自己当时为什么会那么做。他有什么资格错过这样重要的人生大事？

"我就是个暴君，"他终于找到了一个合适的词形容自己，

"但我认识的人都认为我很了不起。"他经常举办派对,说话滴水不漏,很有分寸。他极具魅力,能说会道,总能让客户感觉如沐春风。

与此同时,格雷格的母亲从未原谅他,因为他没有追随父亲的脚步。可格雷格已经看到,父亲的脚步最终通向了哪里,他想远离那条道路。父亲是格雷格最钦佩的人,也是他觉得最成功、最重要的人,可到头来父亲却心力交瘁,万念俱灰,对这个世界没有丝毫留恋。格雷格仍然想不通父亲为什么选择自杀。"我相信追求卓越是他对人生的见解,"格雷格说,"但父亲后来看到了不祥之兆。他没法儿让自己完美,也没法儿让孩子完美,他无法忍受这一点。"

格雷格赚的钱已足够养老,他希望自己再往上爬一级。他希望这样能给他带来安全感,让他不再惶恐。通过努力,他已经与父亲比肩甚至超过了父亲。他发现,阶梯上更高的位置并不能使他更自信、更满足、更有成就感。财富、精明的头脑、社会成就和商业上的成功并没有让他得到解脱和自由。梯子可能会断裂,他仍有可能陷入平凡的境地。这么多年来,他仍然固守着"我们"比"他们"好的错觉。只有期待更多,要求更多,取得更多成就,他的标准才能得以维持。那么,如果放手会怎样呢?

一定要与众不同吗?

作为小组中的一员,格雷格刚开始他的冒险——暴露自己更软弱、更符合人性、更值得尊重的一面,也就是更平凡的一面。但格雷格说他目前还做不到承认自己的普通，无法接受自己跟一般人一样，也有弱点，也会失败。不过他已经在减少工作量了。他准备把企业的日常管理工作交给其他人去做。他加入我们的成就成瘾小组，和组员们进行了很多交流和互动——在以前的他看来，这些互动十分愚蠢，毫无意义和价值。

格雷格向那些跟他一样有着许多人性弱点的组员谈起了他的往事，而这些往事在他稳步攀登成就阶梯的过程中显得无足轻重。他谈到了他的家庭、他的童年，还有他的情感经历。他也倾听别人的意见。一开始他想弄明白，为什么他要加入这个小组。组员们有什么过人之处吗？但在倾听了他们的意见并与他们交流之后，他至少排除了一个障碍：他们的相似之处比不同之处更多。他们并没有什么特别之处，他也一样。格雷格穷其一生都在努力寻找自己和"他们"之间的差异。最终，他决定放弃寻找。冒着自我形象崩塌的极大危险，格雷格允许自己成为他们中的一员。

有一天，格雷格跟大家讲起他看女儿踢足球的经历。两个女儿喜欢踢足球，纯粹是出于乐趣。女儿们在球场上奔跑，他站在场边专注地看着她们。"她们的样子好看极了！两个人高兴地跑啊，踢啊，开心得很！"

几年前，就在女儿将要出生的那一刻，格雷格为了接工作电话、处理客户的紧急需求而离开了产房。现在看着女儿们在球场上快乐地奔跑，他却发现自己不想错过一分一秒。光是看女儿踢球的乐趣都比他当年练体操的乐趣多。说着他流下了泪水。他已经真正发展出深刻的同理心——知道什么能自然而然地带来快乐和真正的满足感。

在像格雷格这样的家庭里，对于"像他们一样"的恐惧如阴森的乌云压在孩子心头，孩子根本来不及体会最简单的快乐，更别提享受乐趣了。如果体操变成了枯燥的训练，那还会有乐趣吗？如果玩耍被视作浪费时间，那还怎么充分享受其中呢？如果每一个想法都必须以成就来衡量，每一个愿望都要指向一个目标，那孩子还有多少想象的空间？

如果你正在与成就成瘾做斗争，你可能想知道，如果一个人总是被评估、被评价，他会变成什么样子。如果你会不自觉地将一些人划定为能帮助你取得更多成就的人，而将另一些人划定为浪费你时间的人，会有什么后果？你是否会预先把人划分为出类拔萃的人和碌碌无为的人？如果是这样，那你就会发现自己没有足够的耐心去容忍人们的小缺点，尤其是你自己的缺点。

自我评估：你是否在意自己的平凡？

你也许很难理清楚你对平凡、成就和竞争的态度。这些通常是你对自己以及你在社会和生活圈子中所处位置的无意识的看法。下面的问题能帮助你了解你的态度和看法。你只需回答"是"或"不是"即可。请如实回答，你脑海中第一个出现的念头就是答案。

1. 你是否像你希望的那样出色？
2. 你是否讨厌平凡这个词？
3. 你是否强烈渴望得到别人的认可？
4. 你是否认为赢得尊重的最可靠的方式就是取得成就？

5. 你是否十分乐意做一个名人？

6. 如果你认为自己不能胜任某件事，你是否倾向于避开不做？

7. 你是否对羞辱非常敏感？

8. 你是否总是在评价自己（"我怎么样？"），即便是在社交场合中？

9. 你是否会暗地里与他人较劲，即使是在非竞争性的场景中（例如，参加婚礼时你是否会对每个人的外表评头论足）？

10. 在社交场合中，如果你认为别人的见识比你少，你是否感觉更放松？

11. 在社交场合中，如果你认为别人不如你有魅力，你是否感觉更放松？

12. 在社交场合中，如果你认为自己的教育水平比别人高，你是否感觉更放松？

13. 初次拜访朋友时，你是否会把朋友家房子的大小、设施和家具与自己家的进行比较？

14. 如果比较的结果对你不利，你是否会觉得自卑？

15. 去健身房时，你是否会对比别人给自己的身材打分？

16. 如果是，你的情绪是否会因为你给自己的评分而波动？

17. 与你亲近的人是否认为你非常上进？

18. 犯错时，你的内心是否会反应过激？

19. 别人犯错时，你是否会觉得松了一口气？

20. 和经济条件比你好的人在一起时，你是否会感到低落？

21. 你是否非常在意你开的是什么车？

22. 你是否非常在意你的穿着打扮？

23. 你是否会根据别人财产的多寡（例如有没有两套房、邮艇、股票投资组合等）来评价他们？

24. 听到有人谈论自己在工作上多成功，孩子教育得多好，你是否会觉得恼火？

25. 你是否觉得改变你的日程非常困难？

26. 如果因为一些人你不得不改变你的日程，你是否会对他们感到恼火？

27. 与你亲近的人是否会担心，如果他们要求你改变你的日程安排，你会生气？

28. 你是否经常希望自己能更随和一点？

29. 是否有人告诉过你，你对他人的期望太高？

30. 是否有人指责过你控制欲太强？

31. 是否有人指责过你太挑剔？

32. 当你伤害了别人的感情时，说一声抱歉对你来说是否很难？

33. 与你亲近的人是否告诉过你，你总要争个对错？

34. 你是否觉得，如果你的工作效率降低，别人对你的爱和感情就会减少？

35. 你是否每天都必须完成一些目标，才会觉得自己有价值？

36. 从别人身边走过时，你是否很少与人有眼神交流？

37. 你在日常生活中是否忽略了对自己的照顾，例如没有健康饮食、规律运动或充足睡眠？

38. 你是否认为那些取得伟大成就的人对自己的生活非常满意？

39.你是否很难理解为什么有些人看起来很满足,但在你看来,这些人只是取得了比一般人多一点的成就?

40.如果今后的生活仍然像今天这样,你是否会不满足?

41.你是否厌倦了每件事都全力以赴?

42.你是否因为花了几分钟完成这次评估而感到恼火?

参考下面的评分表给自己打分。分数能说明你是否在意别人认为你很平凡。答案为"是"计1分,答案为"不是"不计分。

对于被视为平凡的敏感度评分表

分数	对于被视为平凡的敏感度
≥30	严重
25—29	偏重
20—24	中等
≤19	轻微

接受真实的自己

你有被困住的感觉吗?你是否觉得自己陷入了困境,无法前进?也许你该看看是什么阻止了你。

也许你不愿意接受各种可能性,因为你有一系列标准,这些标准是基于先入之见而非客观现实,你甚至都没觉察到它们的存在。以此为参照系,也许你已经把什么可以做,什么不可以做划分得很清楚,结果就是你的选择会非常受限。

泰德：觉得自己很聪明，又害怕自己不够聪明

泰德今年38岁，无业，在经历了三年失败的婚姻后，现在与母亲和妹妹住在一起。听完这个简短的描述，你也许以为泰德是这样的人——他很软弱且优柔寡断，无法振作精神，离开母亲，找份工作，过上体面的生活。可如果我告诉你，泰德毕业于加州理工学院呢？如果我再补充一句，泰德的个性固执强硬，且意志坚定呢？你是不是一下子觉得问题变得很复杂——按理说，泰德不该沦落至此啊？

在进行小组讨论时，泰德很不情愿地给我们讲述了他的一段经历。12岁的泰德是老师和同学公认的好学生，学校还让他跳了一级。有一天上几何课时，他遇到了一道难题，怎么也解不出来。我们都觉得这没什么大不了的，但泰德可不这么认为。他很崩溃。老师和同学都认为泰德能想出这道题的解法，毕竟他是那么出类拔萃——泰德确信，人们就是这样看待他、重视他的。如果他解不出这道题，如果他并不像大家想的那样优秀，那会怎样？那他就什么也不是，对吗？他不过是个冒牌货。很笨。一点也不中用。

泰德记得当时自己突然哭了起来，而且是号啕大哭，因为他连一道几何题都解不出来。老师很担心，问他怎么了，而泰德并没说实话。他告诉老师，他朋友的父亲几天前出车祸去世了。

朋友的父亲确实出车祸去世了。老师安慰了他，泰德这才有了喘息的机会，不必再去面对自己解不出题的可怕事实。

二十六年过去了。泰德告诉我们："实际上，解不出题比朋友父亲出车祸更让我沮丧。"

这个12岁的孩子掩饰得很好。他把所有的羞耻感都藏了起

来，希望永远不会有人看见。但若干年后，也就是泰德在加州理工学院读大二那年，他遇到了类似的挑战。有些知识点泰德就是弄不懂，他也不再是班上最聪明的人。

后来他开始吸毒。大三那年，泰德开始尝试毒品。他镇静剂成瘾，连课也不去上了。第一个学期结束了，他有五门课不及格。学校让他留校察看。"我宁愿失败，"他回忆说，"也不愿意发现我的整个存在只是建立在一个虚构的神话之上。"一个绝不会犯错的神话，一个聪明的神话，一个与周围其他人完全不同的神话。如果他既不是天才也不是数学家会怎样？在加州理工学院的学生中，他的成就只能算是一般。这太可怕了，他无法接受。与其接受自己不过是个普通人的事实，还不如彻底摆烂。他索性放弃了。"我无法忍受自己不是最好的那个。"泰德说。

泰德最终拿到了加州理工学院的学位，毕业后从事的也都是很好的工作。他担任重要职位，工资很高，做的项目也很有挑战性。但旧的模式很难改变。耻辱仍然是一个秘密。万一他没有自己想象的那样厉害呢？万一他只是做着普通工作的普通人呢？大多数时候，他可以掩饰内心的不安全感。但当有人批评他的工作，甚至敢于质疑他的工作时，他就会大发雷霆。别人是在质疑他的能力吗？

泰德的反应是愤怒，而愤怒会驱使他违抗上司。泰德在从事最后一份工作时所接触的经理很喜欢检查工作，而且有错必纠。"他似乎是把羞辱作为一种激励。"泰德回忆说。泰德花了很多心血写了一份他自己非常满意的报告，可经理却把它说得一无是处，而且还是在组会上。"唯一让我有价值感的事情就是工作,而他每天都想毁掉我的工作。"泰德说。

泰德的领导把他置于这样一个境地,让他不得不面对最大的恐惧。"他总是让我看到自己的平凡。他总是提醒我,我和其他人一样。"

泰德越来越无法忍受这样的屈辱,越来越恼火。终于有一天,他午餐时喝了些酒、吸了些毒品,然后冲进公司会议室,把经理大骂了一通,在同事面前丢尽了脸。公司解雇了他。没多久,他的婚姻也走到了尽头。泰德搬回去跟母亲住在一起。他第一次参加我们的小组讨论时,已经有两年多没工作了。

因为一生都在背负的那些期望,泰德都没有勇气去找工作,更别提找到工作了。他奋力抗争,但这是一场艰难的战斗。进入劳动力市场会让他觉得自己泯然于众。他说他的问题是不想"与平凡的人一起工作",不想"进行无意义的对话"。做新简历时,他总是觉得自己的简历看着不够亮眼。去找工作以及找到一份工作的真正危险是,他也许会再次发现"我没有自己期望的那样聪明"。

然而,泰德可以改变。他有非常多的选择。但首先,他必须与"什么可以做,什么不可以做"的信念做斗争,必须改变他成就斐然的自我认知。他知道,这种信念根本行不通,对他没有任何帮助。成就并没有让他感到快乐,绝望时故意让自己一败涂地也没有让他感到快乐(毕竟,那只是证明他异于常人——他无法容忍像普通人一样生活——的另一种方式)。通过与小组成员的互动,在内心深处接受自己的平凡,接受自己是个普通人,这才是最适合泰德的选择。

共情的力量

在家庭、学校和职场，大多数人都经历过很多测试、衡量和评价。自然地，人们会根据各自的表现和取得的成就被划分为不同层次。有些父母会评估孩子的表现，他们认为与成绩差的孩子相比，成绩好的孩子更像是老天爷的恩赐，更不会让人头痛，更招人喜欢。成绩优异的学生会比成绩差的学生更受老师重视。在职场上，效率高、坚持不懈的员工最有可能获得奖励和晋升。所有这些激励措施都强化了我们的观念，即按照这个衡量标准，那些表现一般的人不如那些表现出色的人令人钦佩、值得尊重。

遗憾的是，没有一个标准可以衡量共情的非凡力量。能共情才是人生中最真实的成功。当然，我指的不是经济回报或职业成就方面的成功，而是那种能让日常生活的体验更丰富的成功。共情会在你最意想不到的时候出现。

西尔维娅：花时间去了解

西尔维娅是一家高端音响制造商的销售代表，我认识她是因为要向她咨询一件小事。当时我们家有一套这家公司生产的音响，女儿、妻子和我经常抢着用这套音响：女儿在家时喜欢把音响放在她的房间里，而我在地下室锻炼时喜欢听音响，妻子则喜欢把它放在客厅里。

一个星期天的早晨，我在杂志上看到一则广告，说这家公司生产的另一种立体声音响音量更大，音质也更好。于是我拨通了他们的免费服务电话。接电话的是北卡罗来纳州的一位女销售，我问了她几个问题。她的态度非常好。她让我把名字再报一遍，然后告诉我，她记得四年前我们订购第一套音响时，她与我的妻子通过电话。

这让我非常好奇。她怎么能记得四年前的通话呢？我跟她聊了一会儿这件事，然后说明了我打电话的来由。我告诉她，我看到了大型立体声音响的广告，所以想咨询一下。西尔维娅询问了我们家房间的大小，特别是客厅的。我说我不知道，于是她建议我先量一下最大的房间，再把面积告诉她，这样她才能进一步给我们提供帮助。

妻子和我量好面积后又给她打了电话。西尔维娅说，我们也许没必要置办更大的音响。我又告诉她我们家客厅是教堂式斜顶，她说那更大的音响效果会更好，于是我们就下单了。

这样的交易每天都在发生，再寻常不过。它是如何涉及共情的呢？共情是日常的读心术，是准确评估他人观点的能力。共情强调的是要找出事实，它是客观的（与同情相反，同情是主观的）。西尔维娅对我们非常热情。她努力了解事实，能记住我的名字，并与我建立了更长久的联系。

西尔维娅其实没必要这样跟我交流，她本可以把我当作一名普通客户。我向她咨询，她告诉我相关信息，这就够了。是什么因素让这次交流变得与众不同呢？是什么因素将一次简单的交易变成了一次难忘的邂逅呢？是共情。

成就的陷阱

让我们回到陷入困境这个问题上。请问问自己，这是否与你的观念有关：你认为自己是谁？像你这样的人能做什么？

首先，我们来看看想象中的能往上爬的阶梯。你是否期望自己能赶超父母，或者至少能像他们期望的那样实现阶层跃迁？这听起来很合理，但是只要仔细审视这些期望，你就会发现它们给你设置了不必要的限制。回忆一下彼得的故事。如果你的父母都是事业有成的人，而你不是，这意味着什么呢？如果你的父母赚了很多钱，而你赚的钱要少得多，这又意味着什么？如果你的房子更小、你的财产更少，又如何？

如果你对自己说"就算差一点也没关系"，那我要恭喜你，因为你已经发现了其中的陷阱。这个"差"针对的是声望、地位和成就，而不是你对生活的满意度、在亲密关系中的幸福程度以及日常生活的幸福水平。

父亲的自杀让格雷格幡然醒悟：通往上一层阶梯的道路上，更多的是绝望而不是希望。也就是从那之后，格雷格才开始探寻自己的道路。但格雷格的故事说明了另一个困境。即使独自另辟道路，他也无法摆脱那种感觉——他必须变得更好，他要与一般人不一样。他的自尊心让他无法容忍自己与其他人"同流合污"。虽然他选择了一条不同的路线，但格雷格和他的父亲一样，除了努力，依然别无选择。他总觉得机会好像就在拐角处等着他，如果不抓住，他就会违背与命运的某种契约。

所以，我们不妨问问自己：平凡的危险有多大？如果你既不比坐在你右边的人好，也不比坐在你左边的人差呢？如果你一直在努力实现目标，可得到的只是一个让你感到空虚的中游位置，那也难怪你会对成就上瘾了。成就成瘾者渴望自己出类拔萃，而他们的渴望与别人的要求纠缠在一起，根本无法区分。

现在来做一个练习，试着把你对成就的需求与你对爱、尊重和自尊的需求区分开来。这可能比较困难。正如我所指出的，从小到大，无论是父母和老师的教化，还是普遍的社会文化，都告诉我们要获得成就。你得提升你的信念，你得相信，即使无法攀上上一层阶梯，你仍有很大的价值。而提升信念的第一步就是要告诉你自己，"我不仅不是那个最厉害的人，甚至连一般厉害都算不上"。

请记住，只有当你的驱动力来自内心的真实需要时，成就才有意义。如果获得成就的过程毫无乐趣可言，那你别妄想通过这个办法来消除你的不安全感，那不可能成功。

如果不用成就来衡量，那应该从哪里入手并找到一种方法来评价自己呢？我们将在后面的章节中探讨这个问题。现在，我们需要想想看我们能做些什么。这是一个尝试各种可能性的机会，它能帮助你超越你自己无意识设定的界限。这是克服成就成瘾的下一个关键步骤。

【工具箱4：列出你的快乐清单与成就清单】

我在本章开头提出的三个问题与你的自我形象和你对平凡的态度直接相关。只要有一题的回答是肯定的，我便强烈建议你按照下面五个步骤操作。它可能会对你未来的决定产生重大影响。

1.列出在日常生活中给你带来最大享受和乐趣的五件事。你可以随心所欲，想到什么就写什么，例如，无限长的假期、无限长的旅行、无限与孩子相处的时间。这份清单是"快乐清单"。

2. 列出你希望写进简历的五项伟大成就。（你甚至可以写"获得诺贝尔奖"或者"像比尔·盖茨那样能赚钱"。）这份清单是"成就清单"。

3. 比较这两份清单。想一想，如果你的简历上没有任何伟大的成就会怎样？假设你永远不会取得这些成就会怎样？要怎么做才能把心力更多地投入在能给你带来享受和快乐的事情上呢？

4. 假设"成就清单"上的条目你一条也无法实现，并以此为基础展望未来。再回到"快乐清单"，按照重要性给清单上的五个条目从1到5标上序号，"1"表示对你而言最重要，"5"表示最不重要。

5. 写下你明天要做的一件事，这件事要与"快乐清单"上标注为1的条目有关。享受它给你带来的乐趣。

第七章

成就成瘾影响下的自我价值感：容貌焦虑如何毁掉我们的自信

1.你是否很多时候都希望自己能变得非常漂亮/英俊?

2.你是否讨厌自己身体的一个或多个部位?

3.你是否相信,如果你能改变身体的这些部位,你的人生会大有改观?

4.你是否每天都称体重?

5.你是否无法容忍体重增加?

6.你是否无法忍受衰老?

从统计数据来看,对于上述问题,女性更有可能全都回答"是"或者大部分回答"是"。为什么会这样?

为什么相较于男性,人们更喜欢用外貌来评判女性?这些评判会对女性生活的方方面面产生不利的影响。为什么会有性感迷人的明星模特时刻提醒着女性要变得更美,也应该变得更美?为什么这些形象会无处不在?身材消瘦的女性常常是其他人羡慕的对象。

很多女性不遗余力地去改善自己的外表。她们不仅互相竞争,有时甚至像有"强迫症"一样,而这往往是成就成瘾的最直接证据。在她们看来,"让自己变得更美"是通往爱与接纳的路径。对完美的追求变成了需要和渴望,她们需要并渴望达到某种不可能实现的美的标准。找到为自己增添魅力的方法并且尽最大努力去实践,这会让人上瘾,像药物一样让人无法自拔。

过度节食与成就成瘾

近年来，厌食症，尤其在13—19岁的女性群体中，已经成了一种流行病。这是一种复杂的疾病，是许多心理因素作用的结果。这种复杂的，有时甚至会致命的疾病，治疗起来很不容易。我们有必要了解一下导致厌食症的一些潜意识因素，因为那些被自我形象所困扰的成年女性也是受这些因素影响的。

完美主义当然是其中的一个因素。她们总觉得自己的身材不够好。厌食症患者总觉得自己身体的某个部位不够苗条，她们总在挑自己的毛病——执意要找出自己哪里不好。她们会不假思索地贬损自己。"我怎么这么胖？""我怎么这么丑？"这是她们的口头禅。"不管你怎么劝慰，怎么打消她们的疑虑，她们都听不进去。接受身体本来的样子就意味着失败。她们大脑传递出的信息是"我必须做得更好"。

另一个因素当然是取悦他人的渴望。我们发现，患厌食症的女孩通常都是优秀的学生和听话的孩子，愿意遵循父母和老师的意愿。处于青春期的女孩子还想取悦男孩。患厌食症的女孩希望自己性感苗条，永远不会有人说她们胖。

无论是哪种进食障碍，患者都不愿意让别人知道，这也是一个重要因素。在女性朋友面前，患有厌食症的女孩也许总爱说自己吃得太多、太饱，又长胖了，或者希望自己看起来像某某。她们通常不会告诉朋友自己实际上是在挨饿，而是能隐瞒多久就隐瞒多久。

最后，对于自己的长相、自己的感受、别人对自己的看法以及如果自己的身材变成理想中的样子能得到什么，她们的想法都非常不切实际。一个厌食症女孩的父母和朋友们很快就会明白，赞美她的外表，消除她的疑虑，夸她的身材像每个女孩都梦寐以求的那样苗条迷人，这些做法通通没用。对厌食症患者来说，赞美苍白而空洞。她在镜子里看到的是一个胖子，一个令人生厌或长相丑陋的人。她会想："怎么还会有人愿意跟我交往呢？怎么还会有人假装没看到我实际上长得多难看呢？"鼓励的话语并不能改善她心目中的自我形象。她在镜子里看到的自己与她的朋友和父母看到的她没有任何相似之处。

可以说，我们许多扭曲的看法，比如我们对于美的定义，是基于文化的，是社会约定俗成的，而不是基于绝对客观的衡量标准的。对于整个社会而言，这似乎没什么错。但当今商业形象中的女性与鲁本斯的著名裸体画中所推崇的完美女性相去甚远。现在，完美的女性形象往往是患有厌食症的女性。患饮食失调，更多是因为个体主观上认为自己不完美，而不是根据客观的美的标准或完美的标准判断自己不完美。对瘦的追求已经成了一种特殊的癖好，因为它会让你固执地认为"我不够好""我不够理想"。如果这不是体重问题，那就是其他问题。想变得更漂亮只是一种强迫症。

日益苛刻的身材标准

在备受关注的名人和模特的世界里，成就成瘾者尤为泛滥，因为只有瘦的明星模特才能被公众所接受。以痴迷于完美身材的《时尚》杂志为例。它在2002年10月刊发的一篇标题为《明星减肥大揭秘》的文章为我们提供了一些数据。很显然，现在的明星们都在拼命减肥。营养师朱莉·沃尔什（Julie Walsh）对比了那些身材完美的女明星，如朱莉娅·罗伯茨、詹妮弗·康纳利、塞尔玛·布莱尔、克里斯蒂娜·里奇、布列塔尼·墨菲和米娜·苏瓦丽等人减肥前后的照片，她估计，在过去的两年里，这些明星都至少减重5公斤。

在好莱坞，服装超过6码的人都算超重，明星服装的平均尺码已经从4码降至2码。即便如此，专门服务明星的健身教练迈克尔·乔治（Michael George）说，不断有女演员找他，因为她们想再减掉一两公斤体重。乔治看着她们说"这不可能"，但她们根本不听。"体重过轻可能会影响健康，也会影响情绪，因为节食可以像药物一样让人上瘾。"乔治告诉《时尚》杂志。

阿德里安娜·雷斯勒（Adrienne Ressler）是饮食失调治疗机构伦弗鲁中心的身体形象专家，该机构位于佛罗里达州劳德代尔堡。雷斯勒注意到，如果媒体夸赞某位女演员看起来很健康或者很有精神，她很可能认为媒体是在侮辱她。"'你看着太瘦了'反而是一种恭维。"该中心指出。

数以百万计的美国女性，尤其是年轻女性，会把自己与这些名人进行比较，这已经不是什么秘密了。而且，许多少女节食成瘾很明显是受到这些完美表象的影响，她们实际上就是在让自己挨饿。这是成就成瘾的另一个方面——她们需要通过身体来让别人接纳自己，以某种方式弥补不自信的感觉。

没有人的身体足够完美，所以对完美身体的不懈追求会带来无穷无尽的失望。通常，对认可的需求会导致女性进行一种同样徒劳的追求，即寻找完美的男性以确认自己是被渴望、被需要的。不可避免的结果是，她们失望地发现，她们本以为完美的男人其实也有缺点。

容貌焦虑

无论是减肥、健身，还是整容，其实都是强迫症的表现，而不是对社会和文化环境的理性回应。关注自己的外表并没有问题，但不应为了美而送命。

你想在多大程度上改变你的外表？我问这个问题不是为了测试你有没有患厌食症或其他饮食障碍，而是教你一种方法，帮助你思考是什么在激励你达到某些标准或期望，并弄清楚你真正追求的是什么。

成就成瘾者永远不会满足于减到一个目标体重或达到某种体能水平。对于成就成瘾者而言，减了5公斤意味着可以再减5公斤，意味着必须更努力以保证体重不会反弹。一切衰老的迹象，如皮肤松弛、生出皱纹、脱发，都是挑战，必须动用一切方法和资源来应对。除了健身卡、发型师和美容师，他们还有私人教练、皮肤科医生和整形外科医生——一大批专业人士随时准备着与他们一起对抗岁月的侵袭。成就成瘾者绝不屈服，绝不放弃。

但是，就算你能坚持不懈地与岁月抗争，绝不允许自己出现衰老的迹象，尽可能地保持身材，你又能得到什么？更确切地说，你这样做要付出什么代价？

对减肥的执念

在我们的文化中有很普遍的错误观念，即如果能让身体变得完美，我们就可以摆脱困扰我们一生的不安全感。但讽刺的是，努力变得完美可能会有害身心健康，会让我们成瘾而不是得到治愈。

罗斯安妮：锻炼和自尊

50岁那年，罗斯安妮迷上了锻炼和减肥。她每天4：30起床，锻炼两个小时，然后开始一天的会计师工作。晚上，她会去健身房再锻炼一个小时。三年来，她一直坚持高蛋白饮食。一开始这个方法对减肥很有效，但现在它只能在保证营养的同时确保她的体重不会反弹。哪怕只少锻炼了一次，她都会很焦虑、沮丧。无论是因为什么没去健身房，她都会责备自己，并认真反思自己。是想回到以前那样吗？还是对健身失去了兴趣？抑或是意志力减退？罗斯安妮觉得，没锻炼是件大事，说明她已经开始走下坡路了，接下来很容易就会半途而废，一败涂地。一次没有坚持，她就担心自己可能会永远放弃。

有一次咨询时，我跟她讲起过度锻炼的隐患。听我一说，她打算减少锻炼次数，但她希望我能保证，就算减少锻炼的次数，她的体重也不会增加。"我就是受不了自己胖，"她说，"我宁愿锻炼到腿瘸，也不愿意体重反弹。"

她一语成谶。骨骼扫描显示，她已经骨质疏松了。显然，三年的高蛋白饮食并没有让她的骨骼变得更强壮，因为过多的蛋白质会导致钙流失。但一想到要减少蛋白质的摄入，恢复正常饮食,她就深恶痛绝。

她这是患了"恐胖症"吗?是对减肥有什么执念吗?还是说,这只是对衰老迹象的正常反应,这么做是明智的?我好奇地问她,为什么继续疯狂锻炼对她来说如此重要。

我们很快就追溯到了原因。罗斯安妮7岁时,她父亲去世了。从那以后,她与母亲、两个哥哥和一个妹妹一起生活。孩子们谁也不愿谈起故去的父亲,母亲也一样。母亲很快就开始暴饮暴食,想用这种办法"吞噬她内心的悲伤",结果变得很胖。哥哥们没对母亲说过什么,却对罗斯安妮百般挑剔,奚落她太胖、长得丑(虽然她并非如此)。比她小四岁的妹妹逃过了这种折磨。哥哥们只挑罗斯安妮的毛病,说没有男孩会喜欢她。虽然罗斯安妮进行了反击,但这个想法已经深深埋进她的意识中。

罗斯安妮一直没结婚,现在她和布鲁斯生活在一起。布鲁斯开了一家保险公司,他酗酒,工作特别卖力,经常会把罗斯安妮带回"案发现场"。只消一句批评她外表的话,她的焦虑感就会再次飙升。如果她不能满足布鲁斯的期望,他是否会像她父亲那样离开她?

与罗斯安妮亲近的男人要么是挑剔的,要么是缺席的,而且在她心中,母亲就是一个通过暴饮暴食来摆脱悲伤的女性形象。难怪她在面对锻炼计划时就像在面对一个生死攸关的问题。难怪她宁愿残废也不愿变得肥胖。

对罗斯安妮来说,这不仅仅关乎外表。这是一个关系到她自我价值感的根本问题。脂肪会让她被无视,让她失去价值感。

锻炼其实是一种工作。成就成瘾者们非常理解，为什么罗斯安妮认为锻炼会带来自尊。只要她还在计算锻炼的次数，还在昨天的基础上继续进步，只要能跑得更快，举得更重，罗斯安妮就会暂时感到焦虑有所缓解。这是她生存的需要。有了成就，她才能在短时间内把自己从自我怀疑的深渊中解救出来。

你是发自内心地想要健身吗？

"你不会以为只要减肥就是成就成瘾吧？"你也许会这样问。你可能会争辩说，统计数据显示，需要减肥的美国人非常多，但那都是为了健康。而且研究表明，如果能保持合理体重，无论男女，形象都会更好，人也会更自信。

当然，我并不打算反驳这些观点。肥胖的健康风险众所周知。我们还知道，严重超重的人在社交自信方面和自尊方面都更容易出现问题，甚至收入也会受到影响：肥胖症患者的平均收入低于正常体重的人。

但如果一个人痴迷于减肥是因为成就成瘾，那他对自己的判断就是基于不现实的成就标准或自律标准的。他并不是为了健康或好的自我形象而减肥。成就成瘾者对运动、节食如此执着，是因为他们痴迷于永远无法实现的目标，而不是为了实现像健康这样的合理目标。如果你是发自内心地想锻炼、保持好的饮食习惯，那你自然会感觉更好，根本不需要用体重秤或卷尺来告诉你，你在变得更好。相反，如果你是强迫自己这么做，你会不断地评估结果，把标准定得越来越苛刻，而且可以肯定的是，你永远不可能成功。

迎合世俗的标准令人压力倍增

最开始你希望自己变好看是因为你希望别人能喜欢你，但发展到最后你会失去自我，只能疯狂地寻找自己的身份。在所有的来访者中，24岁的克里斯蒂最能说明这一点。她曾在两种文化中生活过。

克里斯蒂：面对两种不同文化的期望

克里斯蒂出生于日本，在那儿生活到16岁。3岁那年家里出了变故，她只能搬去祖父母家住了两年。然后她又搬回母亲那里，接下来的三年，她很少能看到父亲。父亲出门旅行一去就是两个月，很少回家。"我不知道他喜不喜欢我，"克里斯蒂回忆说，"他回来时，我就不停地哭，求他留下来，但他还是会走，感觉一走就是好几年。"

后来父亲终于回来与家人一起生活，克里斯蒂发现父亲是个严厉的"监工"。他辅导克里斯蒂学习时非常严格，特别是对于数学。克里斯蒂记得，只要有弄不明白的地方，父亲就会打她的手。"他说他也不想打我，"克里斯蒂回忆道，"但他说他必须这样做，要不我不会好好学。"

后来他们全家搬到洛杉矶，克里斯蒂父母在酒店行业找到了工作。来到美国却没挖到金，父亲对自己很失望，但他对女儿的期望却与日俱增。"他希望我能取得越来越多的成就。在日本，一个女孩要想成功，唯一的办法就是得超级聪明，得上大学，得成绩优异。"

但他们已经离开了日本，克里斯蒂在新环境里接收到的信息与父母传递给她的信息截然不同。"我一直以为聪明比什么都重要。然后我来到美国，发现人们只关心外表。以前在日本我从来没关心过自己的长相。"

现在，克里斯蒂发现她一直在与两种文化的要求做斗争：日本的父亲要求她在智力上完美，而美国的同龄人则要求她在身体上完美。为了满足两种文化的要求，她的生活已经演变为一场令人疲惫的拉锯战。她在加州大学洛杉矶分校获得了学士和硕士学位，现在正在攻读博士学位。同时，她也变得非常美国化，总说自己太胖，不够漂亮，不够性感。

毫不夸张地说，克里斯蒂已经疲惫不堪了。压力是残酷的。在学校时，她必须表现出众。和朋友一起玩耍、购物或跑步时，她会反复斟酌，怎样说话做事才不会出错。晚上回家时，她已经筋疲力尽，只想"吃垃圾食品，躺下睡一觉"。路过街角的杂货店时，她停了下来。"我对自己失望透顶。我进去买了点垃圾食品，我知道这样不对。但我需要释放——我不想要压力！"

难怪她会筋疲力尽！克里斯蒂的跨文化背景迫使她必须满足两种文化的期望。郁郁不得志的父母把他们自己的所有野心都强加给她，同龄的美国朋友也把美国社会的期望强加给她——她应该更苗条、更有魅力、更受欢迎。而要把这些野心和期望变成现实的是克里斯蒂——一个亲切友善、活泼可爱、有强烈的个性和社会责任感的温暖的人。

没想到的是，刚开始治疗时，克里斯蒂并不想反抗，也不生气、不怨恨，她甚至都没抱怨自己有多累。她一心想要成功，想要做得好，表现得好，以至于她都没有想到要去抱怨她的学业、朋友或生活方式，更没有想到要抱怨她的父母或家庭。而驱使她来到我的诊所门前，驱使她加入讨论小组的是一个更匪夷所思的困境。她被两个男人吸引，而这两个男人也都喜欢她。

为什么说是两难的困境呢？因为据克里斯蒂了解，他们都没有以世俗的标准来衡量或评价她。两人似乎都不太关心她是否获得了博士学位、是不是杰出的数学家、职业上是否前途无量，也不会挑剔她的外表。虽然这两个人很不一样，虽然她也喜欢他们两个，但他们为什么会喜欢她？不应该啊！对此她十分困惑。

克里斯蒂从未想到，她本来就值得被欣赏、被接受，而不是因为她的表现和成就。她的整个世界仿佛都被颠覆了。

为健康，还是为美？

你想改变你的外表吗？为什么想？假使你与自己理想中的形象很接近，你能从中得到什么？

我知道，减肥或者改变不健康的饮食方式其实是有道理的。控制体重是预防心脏病和糖尿病的主要手段，而慢性病患者，如痛风、关节炎、肝脏疾病、肾脏疾病的患者必须注意饮食。你可以改变饮食习惯，养成新的生活方式，这对健康有益。而大量运动可以促进心血管健康，有助于预防骨骼问题和关节疾病。更健康的生活方式对我们大有裨益。

但这些是你原本就期望得到的好处吗？还是有别的因素在驱动你？为什么必须区分这两点呢？节食和锻炼是为了追求完

美的身体形象，还是出于健康的考虑，弄清楚这个很重要吗？你明明关注的是结果，为什么要研究动机和动因呢？这是因为节食和锻炼的动机、动因不同，对身体和心理的影响有根本性的差异。

罗伯特·塞耶（Robert Thayer）博士的《平静的能量：人们如何用食物和锻炼来调节情绪》（*Calm Energy: How People Regulate Mood with Food and Exercise*）一书很有启发性。塞耶指出，调查显示，许多人运动不是为了让自己感觉更好，让自己更健康。他援引了《今日心理学》杂志上的一项研究，该研究发现，24%的女性表示，只要能减到自己想要的体重，她们愿意少活三年。塞耶还收集了充分的数据，这些数据表明，尽管我们专注于饮食和健身，但在过去的二十年里，超重的美国人的数量一直在稳步增加。

这些数据的背后隐藏着什么？塞耶提出了一个很有说服力的论点：更多的美国人把运动当作一种缓解压力的方式，而不是享受运动的乐趣和运动所能带来的健康益处。"我们所有人的情绪都正在恶化。"塞耶总结说。临床抑郁症和相关问题（如暴力、吸毒和自杀）比例的急剧上升就是证据。对美国人日常生活压力水平的调查表明，在20世纪80年代，有14%的美国人表示压力是影响生活品质的一个重要因素，到了20世纪90年代，这个比例已经上升到18%。

你锻炼是因为你喜欢运动，它能让你感觉更好，对身心也有益，还是因为你希望这样能帮助你释放压力、减肥、严格自律？对于那些能从运动中获得乐趣的人来说，运动会让人得到一种奖励，即塞耶所说的"平静的能量"。然而，成就成瘾者很少能拥有这种平静。成就成瘾者锻炼起来也许特别有决心,也许能持之以恒,有条不紊,但驱动他们锻炼的是他们无法控制的力量。锻炼,就像节食一样,成为一种强迫症,而他们并没有从中获得更多的能量或更多的生活乐趣。最终,他们心力交瘁。

好身材不是被爱的前提

如果你感到压力过大,疲惫不堪,那可能是因为你极度挑剔的自我的声音在引导你。凯莉的故事非常具有代表性,因为她发现,批评起自己来最严厉、最不留情面的人正是她自己。即使她试图不批评自己,享受来之不易的放松时间,那个自我的声音也不会让她平静。

凯莉:攻击自己的外貌

假期对你来说意味着什么?当然是工作之余的休息。度假可以让人远离家庭琐事和职场压力,让人放松。虽然度假不可能处处都让人满意,可它是逃离朝九晚五的生活的绝佳机会。

但刚度假回来的凯莉可不这么觉得。"看到镜子里穿着分体式泳衣的自己,我简直惊呆了。胖死了! 屁股都鼓出来了!"说到吃,她都是用"狼吞虎咽""胡吃海喝"和"把自己塞得饱饱的"这样的词句来形容自己。接着她又开始抱怨她皮肤不好——有皱纹、有斑,还有橘皮组织。不管她那个假期到底是怎么过的,可以肯定的是,她并没有感觉到平静和愉悦。我让凯莉停止自我攻击,想要弄清楚她为什么反应如此强烈。我们一起回到了"案发现场",她回忆起小时候父母对她的身体特别关注,她非常在意自己的外表。就算现在去看望父母，他们依然对她很挑剔，会念叨她胖了（或者瘦了）、老了（或者年轻了）。他们会无所顾忌地谈论她的穿着打扮，有任何不喜欢的地方他们就会直接说。

"但我不能总责怪父母。"她说。事实上，她并没有责怪他们，而是跟他们站在一边。当她骂自己"肥胖""松松垮垮"等等时，她好像是在代替父母批评自己。她能预见到他们会说哪些难听的话，这几乎成了一种自我防御的手段。如果她能先于父母一步批评自己，也许就能武装自己，抵御他们的批评。对她而言，最好的防御是对自己的攻击。

凯莉的假期就这样结束了。为了摆脱"脂肪"和"赘肉"，她会回到健身房继续锻炼，但她不会从中体会到任何乐趣。从青春期开始，她就在努力获得认可，她还会继续这样做。锻炼不是奖励。相反，那是对不好看的外表和不正确的行为的惩罚。为了减肥、改善肌肉线条和去除多余的脂肪，她努力地踩动感单车、举哑铃和跑步。她在下意识地为一个不可能实现的目标而努力。她认为如果她成功了，她最终会被接受。

但她永远不可能成功。她越是努力让自己变得完美无缺，就越有压力。长年累月被批评所压抑的感受爆发为疯狂的自我攻击，然后转变成一种灼热的欲望——她要更努力，跑得更快，把自己逼得更紧。她认为这样能让她得到爱，但她注定会受挫，因为她的目标无法通过这种方式实现。无论凯莉的父母是否会爱她本来的样子，有一件事是肯定的：更多的锻炼和节食并不能让她离她想得到的尊重、接纳和爱更近。凯莉可能无法相信，这些都是她本就该得到的，与她做了什么无关。

获得"平静的能量"

你为什么要健身？为什么要节食？你希望达到什么目的？如果你把目光放在真正可以实现的益处上，如果你只是单纯喜欢你做的事，你就更有可能获得"平静的能量"，从过程中感受到快乐。但如果在追求更曼妙的身材的过程中，你不仅跟别人较劲，还跟自己较劲，给自己很多压力，那你得想想，你的行动是否能帮助你更靠近你渴望的结果。

下面是一些写作练习，可以帮助你发现一些重要信息：你是如何看待自己的，别人是如何看待你的，它们与节食和运动等问题之间的关系。我相信成就成瘾、对亲密关系的逃避、对体重和外表的态度这几个方面是紧密相关的。下面的写作练习将帮助你发现其中的一些联系，并更好地理解，你与其他人的关系如何直接影响了你对自身形象的看法。请记住，你如何处理人际关系与你如何看待自己的身体直接相关。如果你拒绝与他人沟通，那你就是在助长成就成瘾。

【工具箱5：关于容貌的六个写作练习】

在本章的开头，我提了六个问题以帮助你评估你对自身形象和外表的看法。只要你有一个回答是肯定的，我都推荐你做一做下面的写作练习。我设计每一项作业的初衷都是帮助你解决特定情况下的具体问题，让你的态度朝着积极、现实的方向发展变化。

你是否很多时候都希望自己能变得非常漂亮/英俊？

写作练习1：请一位或多位与你关系密切的人诚实地评价你的外貌。准确记录他们所说的话，并将他们的描述与你对自己的看法比对。

请他（或他们）对你的个性和性格做出客观的评价。同样，记录他们所说的话，并将他们的观点与你的观点比对。最后，写下你与这个人（或这些人）的关系，思考一下，在你们的相处过程中最重要的是什么，是外表还是性格、个性？

你是否讨厌自己身体的一个或多个部位？

写作练习2：上一次你的自我的声音给你贴负面标签是什么时候？把它写下来。比如，"我真是蠢透了""我好丑""我看着胖死了，太讨厌了"。你注意到了吗？你在把关注自己身体的缺点作为避免与他人冲突的手段。回忆一下，在给自己贴负面标签之前，你是如何与人相处的。从本质上讲，你反复贬低自己是为了逃避说出自己的真实想法。因为缺乏信心，认为自己无法成功地处理冲突，所以你才想通过让自己变得完美来解决问题。比如说："如果我让身体变完美，我就不会与伴侣、爱人、老板等人再有任何冲突了。"

你是否相信，如果你能改变身体的这些部位，你的人生会大有改观？

写作练习3：当你在全身镜中看到自己时，你是接受、拒绝、容忍、厌恶还是客观地看待自己？描述一下你为什么会以这种方式看待自己。你是从哪儿学会了通过别人的眼睛看自己？现在请尽量客观地描述你所看到的绝对事实，不要受其他人的期望和偏见的影响。请重新描述你自己。

你是否每天都称体重？

写作练习4：描述你对食物的态度如何影响了你的进食体验。它是否破坏了你品尝美食或者食欲得到满足的乐趣？然后描述你对运动的体验。你运动是为了健康，为了感受让身体动起来的快乐，还是为了燃烧脂肪、让身材更好？

回顾你对饮食和运动的看法，评估你的答案中哪些是成就成瘾的信号。然后写一写，一个拥有健康的自我意识的人应该是怎样的感觉。思考一下：能让你感受到快乐的运动观是怎样的？描述不用担心体重和发胖，无忧无虑地享受美食是什么感觉。在描述这些感受时，试着想象你自己也是这样的。

你是否无法容忍体重增加？

写作练习5：描述你在与他人交往的过程中最敏感的方面。描述最让你为难却又让你无法用言语表达的感受。例如，"当我不能让人知道我真的很生气的时候""我对他们很失望，但我无论如何也不能说出来""我不能告诉他我在性方面的偏好"。隐瞒了你的真实感受后，你的饮食和运动习惯是怎样的？把它们记下来。一边写一边思考：你向其他人表达自己的方式与你的体重之间是否存在联系？存在怎样的联系？

关于食物你做过什么样的保证？比如，"今天我绝对不会吃薯片"或者"我这周都不会碰冰激凌"。描述一下食言后的感受。你是否对自己很苛刻？比如，"怎么说话不算话呢，我真是太差劲了！"你是否能体谅自己？比如，"虽然我不该吃冰激凌，但现在是夏天，怎么可能不碰冰激凌呢？这不现实。不过，我不能再买冰激凌回家了。我意识到我正用甜食来应对工作上的压力。"描述一下，当那些通情达理的人吃了不该吃的东西时会对自己说什么。

你是否无法忍受衰老？

写作练习6：你一定知道，时钟不会倒着走。这个写作练习能帮助你更宽容地看待这个不可避免的过程。

把工作、爱情、友谊、家庭关系、养育孩子、你的外表等因素按重要性排序，从而了解你对外表的重视程度。思考一下：要想缓解容貌焦虑，把更多的精力放在生活的其他方面，你必须有意识地做出哪些选择？描述你希望如何处理容貌焦虑，然后描述你将如何朝着这个方向发展。

第八章

成就成瘾者的观念：
只能成功，不能犯错

1.你是否觉得你的职位听起来不太风光？

2.你是否总在算自己赚了多少钱？

3.你是否很多时候觉得别人的资历很耀眼？

4.你是否会把那些有钱有势的人想得很完美，而不考虑他们的性格、品行？

对于这四个问题，我认为大部分甚至全部女性的回答会是肯定的。但我还发现，被地位、收入、支配权和尊重这些问题所困扰的男性成就成瘾者远多于女性。

这并不奇怪。有相当多的证据表明，对支配权的不懈追求是男性的心理本能。哈佛大学人类学家理查德·弗兰厄姆（Richard Wrangham）在他的论文中援引了一系列研究，研究发现，如果男性参加竞技比赛，比如徒手搏斗或国际象棋等等，他们的睾酮水平就会激增。在比赛期间，睾酮水平会达到顶峰。竞技比赛的结果更有说服力——赢家和输家的男性激素水平存在惊人的差异：获胜男性的睾酮水平保持在高位，而失败男性的睾酮水平则急剧下降。

换句话说，征服他人后所产生的良好感觉并非虚幻。男性腺体实际上会发出激素信号，这个信号仿佛在说："你很成功，你很重要，你……赢了！……赢了！"当然，他们还会接收到许多来自同事或异性的信息，这些信息会增强和巩固成功的良好感觉。获胜的男性会晋升、赚更多钱、吸引漂亮迷人的女性。他们能得到各种形式的认可,而失败者则享受不到这样的待遇。

人人都想当获胜者,没人想当失败者。因此,男人,也有一些女人似乎被设计成了这样:要听命于已经印刻在他们灵魂中的信息——他们必须获得那一刻的荣耀。

只赢不输的制胜法宝

我们要付出多少代价才能得到我们想要的东西?要被迫做出多少牺牲?要有多大的耐力才能到达顶峰?要多聪明、多敏锐才能确保不被他人利用?要费多少力气才能遏制住那些可能让我们失败的冲动,拥有胜利者所需的特质?

我想大多数人都会坦然承认,他们在寻找一种让自己只赢不输的制胜法宝。扫一眼畅销书单,你总能看到这样的书——教你如何反击,如何保持主导地位,如何立于不败之地。就连职场新手都能很快领悟到努力是为了什么:升职、加薪,到达成功的顶峰,当上CEO,挣比普通员工高几十倍的薪水。在团队中,你的目标是成为领军人物;在学校里,你的目标是成为班级的第一名。你的目标还可能是拥有整个街区最大、最漂亮的房子或最昂贵的汽车。

而说到美国人的制胜法宝,那真是随处可见。"胜利是一种心态。""成功人士看到的是半满,而绝不是半空的杯子。""永远别说'不'。""赢者从不放弃,放弃的人永远不会赢。"诸如此类,不胜枚举。

但如果胜利本身就是一种奖励,如果人天生就会被成功的喜悦所吸引，那为什么还要为努力争取成功的人加油打气呢？我们真的能强烈地感受到胜利的喜悦，能欣然接受为成功所做出的牺牲吗？还是说，我们其实做的是另一件完全不同的事——减少焦虑，消除不确定性，逃避对失败的恐惧？如果胜利给我们带来荣耀，那它的反面是什么？如果我们失败了，会发生什么？还有一个最微妙却也最重要的问题，那就是对我们每个人来说，赢和输的意义是什么？

对这些问题的讨论不应只限于学术圈。如果你是成就成瘾者，你会无法忍受失败。但不幸的是，有些人（同样，根据我的观察，男性多于女性）甚至无法正确看待自己的真实表现，他们就算赢得了一切，也感受不到胜利的回报，反而觉得自己输了。

在平凡中寻找不凡

我们多少都体验过跌入谷底的感受。那么，明明已经到达了顶峰，却又像是跌入了谷底，是什么样的感觉呢？

雷蒙德：赢得财富却深感不幸

雷蒙德今年61岁。他白手起家创办了自己的公司，现在是该公司的CEO。将来他还能赚更多的钱，但钱对他已经不重要了。世界上的一切东西，只要是钱能买到的，对他来说都唾手可得。

我记得我第一次见到他是在二十年前。他有四个孩子，最小的叫帕蒂，是他唯一的女儿。当时自杀未遂的帕蒂找到了我，我觉得我有必要与她的父母见见面。帕蒂的母亲帕特几乎随时都有空,但她的父亲,当时41岁的雷蒙德,工作繁忙,经常出差。我前前后后等了四个星期,他才有空跟我见面。

我很清楚,雷蒙德有急性成就成瘾。我必须跟他谈一谈他还有他女儿帕蒂的健康问题。家里每个人都知道,雷蒙德总是把事业放在第一位,妻子觉得受到了冷落。帕蒂跟母亲最亲,也最能理解母亲的感受,这当然也是她患抑郁症的一个原因。我记得那时我的想法是,成就成瘾正在把雷蒙德引向灾难。治疗结束时,他说要多关心妻子,多陪陪孩子。我说出了我的担忧。我告诉他,如果他还是这样,那他的心脏可能会出问题,他好像听进去了。

二十年过去,雷蒙德又来找我了。幸运的是,我的担心是多余的,他并没有心脏病发作。不过,尽管他做了一些努力,改变了部分生活方式,他仍然没能真正地解决他的成就成瘾问题。问题依然存在。他仍然长时间地工作,尽管他不需要挣那么多钱。他正在苦苦寻找方法来面对他一直以来所忽视的感受——妻子帕特去世后,这些感受开始显现。

雷蒙德告诉我,他妻子患冠心病去世后,他彻底崩溃了。他整夜失眠,也吃不下东西。这么多年来,他一直忙于公司的业务,二十年前我们讨论过的事一直萦绕在他的心头。那时,他决定要多陪陪帕特,增进夫妻感情,但他最终没有做到。"我害怕和帕特在一起。"他告诉我,"她很崇拜我,而我一心忙着拓展公司业务。这些年是我耽误了她。"

妻子离开后,雷蒙德是怎么应对他的抑郁情绪的呢?他的做法非常有代表性——诉诸行动。几个月后,他遇到了比他小

10岁的朱迪。没过多久，他们就结婚了。为什么他会选择这个女人？为什么要闪婚？

"遇到朱迪后，我才知道怎么能让自己快乐。她喜欢玩乐。我们相处得挺好，性生活也很满意。这是我从未有过的感受。"

但他们的关系很快就走到了尽头。结婚时，雷蒙德同意给朱迪在希尔顿黑德岛买一套房子，并把房子写在她的名下。结婚后，她向雷蒙德施压，要求他为她的两个女儿设立信托基金，他们的关系不断恶化。雷蒙德说："朱迪想要的越来越多，我看她是想抢走我赚的每一分钱。"雷蒙德不仅沮丧，而且觉得颜面扫地。"我无法相信，像我这样有商业头脑的人竟然会被人玩弄于股掌之间。我现在意识到，我并不知道如何跟女人相处，不知道如何维持亲密关系。"

他说得不对。毕竟，他与帕特做了几十年的夫妻。他现在开始反思他的亲密关系。"帕特只是爱慕我，什么都依我，她允许我花很多时间去尝试一切可以证明我价值的事。她很崇拜我。她去世后，我陷入了抑郁，而当我遇到朱迪时，我的灵魂又活了过来。"

但是，为什么雷蒙德必须证明自己的价值呢？他事业那么成功，妻子和孩子也爱他，他还需要证明什么呢？

雷蒙德的父亲是毕业于普林斯顿大学的高才生，他的两个兄弟杰弗里和艾伦也是如此。从一开始，雷蒙德就知道，他应该上常春藤盟校，可最后三兄弟中，只有他没去成。

他的哥哥杰弗里拿到了工商管理硕士学位，并迅速成为千万富翁和多家公司的CEO。弟弟艾伦上了法学院，是亚特兰大一家大型公司的合伙人。父亲把杰弗里和艾伦树立为榜样，责备雷蒙德胸无大志。雷蒙德选帕特做妻子，是因为她无条件地尊重甚至崇拜他。对帕特来说，丈夫学业上的失败——未能考入普林斯顿大学——并不重要。

深爱着自己的妻子、美满的家庭、数不清的财富，这些本应让他觉得宽慰，但雷蒙德永不知足。无论工作上如何努力，无论赚了多少钱，他都觉得自己不合格。很久以前，失败者的形象就已经在他的内心留下了烙印，这些年来雷蒙德虽然一直埋头工作，却无法驱散自己失败的阴影。"现在我赚了那么多钱，"雷蒙德说，"仍然不觉得自己成功。我还在努力争取得到更多。"

有一周雷蒙德没能来参加小组讨论。后来他来诊所时向我解释了原因，那天他去参加了父亲好朋友的葬礼。我觉得很蹊跷。如果不是紧急情况，雷蒙德通常不会失约。而在这之前，他可不认为葬礼有什么要紧的。雷蒙德也意识到了这一点，他反思道："说起来很惭愧，但我确实从没参加过葬礼，也没给人守过灵。葬礼会耽误我的工作，反正有帕特，她会代表我去。"

但帕特去世后，人们的同情和关心纷至沓来，深深地触动了他。"我得到了很多关爱。大家打电话安慰我，还给我送吃的，真的很宽容。当然，我知道他们是看在帕特的面子上。"

雷蒙德经历了抑郁、疯狂地坠入爱河、再婚，然后又在痛苦和无爱的婚姻中挣扎，他感觉到自己身上似乎有了些变化。"在过去的一年里，我认识到，那些看似平凡的小事实际上并不平凡，"他说，"守灵、给死者家属送吃的、寄贺卡、参加婚礼、给朋友打电话……以前我居然不屑做这些普普通通的事，我是有多蠢啊?"

　　从自杀未遂的女儿身上,雷蒙德也学到了一些相当"平凡"的东西,那就是一个人可以放松地享受生活,而不必像他那样热衷于追求地位。帕蒂并不是成功者,至少按照雷蒙德过去的看法,她不是,但她是一个好人,一个活得有滋有味的人。

　　具有讽刺意味的是,他甚至忽略了那些对他自己有益,而他一直觉得没时间做的小事。现在他经常锻炼,也注意饮食。他把自己照顾得更好了。那他还会为一些事耿耿于怀吗?比如,没考上普林斯顿大学、因为胸无大志而让父亲大为光火、比不过他那两个聪明富有且永远不会做错事的兄弟?不知何故,这两个榜样还有衡量他们地位的标准都未能经受住时间的考验。"我把我的兄弟理想化了,一辈子都是如此。"雷蒙德说,"现在我才意识到,他们其实活得很痛苦。"杰弗里很胖,一直没结婚,也没有朋友。艾伦娶了一个不愿意治疗酒瘾的酒鬼,婚后生了两个孩子,孩子长大后跟他非常疏远。

　　雷蒙德说:"我总是在想,我这辈子其实一直都蒙着眼罩。我曾以为我可以买到爱。现在我意识到,世界上所有的成就都买不来爱。"

　　他承认,他一直以来都知道自己是这样。但明白道理与具体怎么做是两码事。只要蒙着眼罩,雷蒙德就能说服自己,回报几乎触手可及。他所要做的就是更加努力,更加勤奋,并证明自己。但最终是失败而非胜利让他了解到,什么对他真正重要,也就是他之前认为毫无价值的那些普通的事情。雷蒙德已经认识到,人们并不会因为他做了什么而爱他,而只会因为他是谁而爱他。"我想我总算真的明白了。"他说。

完美偶像的泡影

　　雷蒙德把他的兄弟理想化,是出于嫉妒心理还是健康的竞争心态?我认为,男性偶像既让别人钦佩,也会招来嫉恨。但显而易见,男性需要偶像。他们普遍喜欢讨论、赞美体育明星,几乎到了尊崇的地步,这并非巧合,是因为他们把对自己的期望投射到体育明星身上。(同样并非巧合的是,这些体育明星虽然公众形象完美,却往往不知道怎么面对名气、财富和粉丝的追捧。)许多人都希望偶像比自己强。偶像的成就越是卓越,人们就越是尊重他们。

　　如果把自己跟那些似乎算得上伟人的公众人物比较,我们很容易就能看出"我们"和"他们"之间的差异。公众人物不会把他们的不安全感公之于众,这无可厚非。但如果向我们关系亲近的人也隐瞒自己脆弱的一面,那会怎样?如果他们就像公众人物那样,比如像投出绝杀球的职业球员或创下赛季纪录的四分卫那样,被误认为是完美的,那会怎样?

　　偶像也是人,如果我们不能看到他们更具人性的一面,对荣耀的追求就会变得永无止境。然而,有一件事是肯定的——一个人永远不可能是完美的偶像。无论一个人做什么,他都会被想法、情感、疑虑、渴望和失败所束缚,从而变得脆弱。正如雷蒙德所发现的,正是这些平凡之事让我们变得与众不同。

　　那些太有野心的成就成瘾者错在哪儿?竞争没错,激烈的竞争的确能带来回报;崇拜没错,因为有些人确实很优秀,值得崇拜;渴望成功也没错,因为成就感让人欢欣鼓舞。危险在于他们期望竞争、成就和成功能孕育出喜欢、赞赏和爱。所有能让我们感觉到被喜欢、被赞赏、被爱的东西都来自心灵和性格，与我们渴求认可、赞许和财富的那一面并无关联——那一面只看重地位，一心求胜。

然而，当一个人成就成瘾时，他就会把它们混淆。就像酒鬼可以说服自己相信，他有能力爱别人，并且大家也都爱他一样，成就成瘾者也可以暂时维持这样的幻觉：智力、经济、社会或政治上的成功可以点燃虚荣心的篝火，把对爱和尊重的需求烧为灰烬。就像雷蒙德那样，只有失去的越来越多，蒙蔽他们的眼罩才会脱落。

成功的代价

成就成瘾的男性很擅长否认（拒绝承认）。在可能会造成创伤的高压情境中，否认是极为有效的生存机制。但它只是众多机制中的一种，在日常生活中，它对我们没好处。

比如说，男性会否认疼痛。想要成为一名受人尊敬的运动员，否认疼痛是再好不过的办法。"再痛也要坚持"是运动员的座右铭，无论是足球运动员、游泳运动员还是田径运动员。面对激烈的竞争，无视疼痛是大家的不二选择。这种模式——忍受疼痛，把自己推到极限，然后硬撑下去——是军事训练和体能训练的精髓。在这些领域，这种模式很有效。

在其他专业领域，人们是如何表现出毅力和耐力的呢？要想成为一名医生，你必须忍受24小时轮班。在法学院或其他竞争激烈的专业领域，耐力与创造力很受青睐。女性想要进入这些传统上由男性主导的竞争领域，她们就不得不接受这些规范。

要想在这些行业取得成功，唯一的办法就是经受住考验（测试）。而这些测试不仅衡量一个人的成就、能力和表现，也衡量一个人是否自律，是否有牺牲精神，是否能无视个人感受，是否坚韧不拔。

那些通过耐力测试并达到考核标准的人会得到丰厚的奖励。你可以把医生、律师、商学院毕业生的平均工资与那些辍学或拿不到毕业证的人的收入比比看。或者比较一下非常成功的职业运动员和没有晋级的运动员的境遇。也可以把那些能够忍受无休止的差旅和会议、每天只睡几个小时的商务人士与那些必须有自己的时间、不愿加班的人比比看。现在你应该知道什么样的人会成为"赢家"，以及为什么他们是"赢家"了吧。我们追逐成功，成功也会带来回报。但显然，要想获得成功，还需要具备其他品质。比如，要想成为专业人士，你需要耐力和毅力。

我感受到了野心勃勃的成就成瘾者们的焦虑和不安——他们的事业建立在精心构建的宏伟假设之上，即为了成功，他们必须做出牺牲、忍受痛苦。这个假设没错。他们付出了代价，取得了成功。接下来呢？

遗憾的是，忽略自己的感受可以帮助你取得一时的成功，却不能长久。因为你的野心会更大，成功的条件会更苛刻，你对成功的定义也会更苛刻。如果成功失去了意义，它会意味着什么？

缺乏爱的能力

因为惧怕失败，许多男性会想方设法地逃避失败。遗憾的是，他们只知道通过成功来得到爱或者爱别人。他们追求胜利实际上是为了获得一个面具,这个面具掩盖了他们对不完美的深深的焦虑。

托尼:事业有成却失去了父亲

讨论小组里几乎每个男人都理解托尼的感受,尽管他没有常春藤盟校的教育背景,也不是靠读大学、读研究生爬上成功的阶梯的。他出身于蓝领阶层,但他的成就成瘾与各行各业的那些佼佼者的并无不同。

父亲在建筑行业打拼多年,托尼似乎只能接手父亲的生意。但他不顾父母的反对,去社区大学读了两年书,拿到了副学士学位[①],尽管父亲固执地认为这根本没必要。托尼的父亲很严厉、为人苛刻,特别注重细节,对他的要求也很严格。托尼加入了父亲的企业,但后来两人大吵一架,断绝了往来。托尼和父亲整整18个月没说话。后来,父亲突发中风去世了。

托尼非常痛苦。他参加了父亲的葬礼,但母亲和兄弟们都躲着他。父亲去世后,托尼接管了他的生意,可家人却都跟他断绝了关系。与此同时,公司的生意蒸蒸日上。托尼第一次来见我时,公司的生意是前所未有的红火。可一切越顺利,托尼感觉就越糟。他不知道为什么会这样。

有一回,托尼不得不离开公司两天,他心脏一直有问题,得去医院做检查。回到公司后,他对一个工头大发脾气,把他臭骂了一通。那个工头给他看了每项工作的进度计划。实际上

---

① 一种源自美国和加拿大的初级学位,为四级学位系统中等级最低的一种,大学上完两年即可获得。——编者注

大家已经赶在工期前把活儿干完了。

我开始明白是怎么回事了。托尼那个位置多让人眼馋啊：生意根本不需要他打理。他甚至都不用去公司。他现在知道了，即使他每周只出现一两天，即使没有他，公司也能照常运转。那他为什么愤怒？为什么丧气呢？

托尼的妻子对丈夫大发雷霆的场面早就见怪不怪了。她说这是"触发反应"（trigger reaction）。要是预感到哪里可能会出差错，他就会变得越来越生气。托尼解释说："要是预感到有什么事没按我的心意来，就好像大坝要决堤！"在达到触发点之前，他实际上会先经历一些阶段——失败感越来越强烈，认为"这次我们肯定搞砸了"——最后才是勃然大怒。

谁能让他平静下来？他的人生导师已经离他而去了。虽然生意做得挺成功，但托尼觉得自己很失败。他不能原谅自己，也没得到家人的原谅。当我问起他的父亲时，他的泪水夺眶而出。

最近，托尼的公司在全国性的比赛中摘得奖项，报纸也做了报道。在接受采访时，记者问他刚接手公司时的情况。起初，托尼不太自在，但到后来他越来越自信，他回答了记者的提问，告诉对方为什么他会从事建筑业。托尼发现，在谈到公司和父亲如何白手起家时，他非常自豪。最后他恍然大悟："我想说，'爸爸，我原谅你。我爱你。我愿意公开承认，咱们过得并不总是那么糟'。"

那之后没多久，托尼准备去看望母亲。他想好了，无论母亲说什么他都得忍住，关键是要修复母子之情。母亲说她很失望。离开时，托尼终于把那句话说出了口——"妈妈，我爱你"。"我也爱你。"托尼几乎听不清母亲在说什么，可在那一刻，托尼意识到，在他的印象中，母亲好像从未对他或别人说过这句话。

小组讨论时，托尼说他很难放下工作，其他人点头表示认同。"我知道，我那么卖力地工作是想获得爱和尊重，"有人这样回应，"问题在于，我不知道如何用其他方式感受爱。我想除了爱孩子，我可能没能力去爱其他任何人。"

完美主义的信徒

对于在职场上打拼的我们来说，工作更像是信仰，而不是职业。那么这个信仰的基础原则是什么呢？是对奖励和惩罚的错误看法——如果做对了，我们会得到精神或物质方面的奖励，做错了则会遭到惩罚。奖罚分明，我们可以借此来评判自己是否在进步。出于对完美的信仰，我们不停地在阶梯上攀登，让自己变得更好，总是担心倒退一步我们就会堕入深渊。对我们而言，放弃努力与放弃信仰一样危险。但是，如果没有信仰，我们最终会走向何方呢？如果没有能让自己各方面都变得更好的奖惩层级体系，我们又会怎样？

托尼觉得他需要"找到别的东西"。但这个东西是什么呢？他一直都在通过事业上的成就来衡量自己。他别无选择，只能将成就作为标准来衡量自己和周围的人，否则他怎会知道，他所追求的成就是有价值、有意义的？

托尼想要找到这个东西并不容易，而且他的征程才刚刚开始。他需要处理他对放手的恐惧,发掘多年来他一直在否认的情感——父亲的逝去与家人的疏远给他带来的孤独和悲伤。对完美的信仰支撑着他,让他继续努力,但成就并没有给他带来他期望的满足感。他变得越来越紧张不安,压力也很大。不可避免地,他的健康受到了影响,出现心脏病突发的前兆。

但通过与小组其他成员的交谈,托尼发现,他并不像他曾经以为的那样孤立无援,他的内心开始感到平静。托尼听说,去年父亲节,大儿子给家里的其他人都打了电话,因为他不知道给父亲送什么礼物合适。儿子其实跟他一样,工作很忙,以前儿子都是买好礼物寄给他。今年,托尼是这么跟家里人说的:"如果查克打电话问我想要什么,让他直接打给我。"最后,查克确实给他打了电话。"我只想从你那儿要一样东西,"托尼告诉他,"是我爸爸永远无法给我的东西。我希望咱们爷俩能待一会儿。"

张弛有度

我们都需要强度调节开关,但许多成就成瘾者根本找不到自己的开关在哪儿。他们的灯要么开要么关,没有中间档。"开着"就是全身心的投入,每天工作14个小时,努力做到最好。"关着"则是心态的崩溃,"我不知道该怎么办"或者"我要输了"。

为什么我们要对自己的成就期望如此之高呢?我们的精力可能根本就不够实现这些期望的。从什么时候开始,对完美的信仰影响到我们每一个人——一个小小的失误就意味着失去尊重和爱？

通过练习，我们可以更好地控制自己的强度开关，这样我们就可以有中间状态。我们的目标是达到前文提到的罗伯特·塞耶所描述的"平静的能量"状态。尽管塞耶主要讨论的是通过饮食和运动来调节情绪，但他的观察结果很多都与成就成瘾有关。

> 人们的情绪状态转变发生的确切时间和条件各不相同……所以要想有效地管理好情绪状态，我们需要加深对自己情绪的认识，因而了解自己很有必要。你需要熟悉自己精力的变化情况以及紧张情绪的波动范围，而不仅仅是最高和最低水平。换句话说，你需要觉察自己情绪状态的微妙变化。
>
> 要想识别自己基本情绪状态的变化，你需要练习。人在处于压力之下时，很容易忽视轻微的紧张和疲劳，但它们会摧毁你的决心，并不可避免地让你形成不健康的饮食方式，让你放弃锻炼。虽然大多数人都能觉察到极度紧张的情绪，但对于总是在赶进度、成天加班的人来说，轻度紧张已经成了他们的第二天性。这种情绪状态很难觉察，但它的影响最终会显现……而深层的情绪原因往往没有被注意到。

想要克服成就成瘾，认识到自己的潜在情绪至关重要。但除了要认识自己情绪的变化，还有一种极其强大的力量可以帮助我们控制强度开关。这种力量就是共情。

通过共情获得治愈

成就成瘾者往往会花过多的时间思考如何提升自己，如何成为更好的自己。他们并没意识到，有一种方法可以帮助自己走出这个内心的牢笼，在精神上给自己放个假，那就是共情。想要重振自我，我们可以先沉浸于另一个人的感受中，先忘却自我。

保罗：在飞机上与人共情

高中时的保罗是学校的明星足球运动员和优秀学生，后来就读于常春藤盟校。现在他是某企业的高管，事业有成，经常出差。他非常焦虑，尤其是在飞往外地开会的途中，他总觉得压力特别大。保罗嗜酒，对咀嚼烟草也上瘾。在长途飞行时，他就靠喝酒和咀嚼烟草打发时间，试图忘记他周围的一切。

他希望自己做些不同的事。他想挑战一下，看看自己能不能全程滴酒不沾、一根烟都不碰地到达西海岸，看看能不能控制住自己，管好自己。

对经常处于压力之下的人而言，强迫自己卸载压力这个办法几乎没用，但跟人聊天能让他们放松。我注意到，在小组讨论时，当保罗能让自己沉浸在另一个人的世界里时，他的自我意识似乎就消失了。

"这次出差你为什么不尝试一些新的东西呢？"我建议道，"与邻座聊聊天，问一些开放式的问题，试着从对方的角度思考事情，也许你就不那么焦虑了，就相当于给自己放了一个精神上的假。"

两周后，保罗出差回来了。小组讨论时，我问他这次飞行怎么样。他一开口就激动得哽咽住了，情绪久久难以平复。

保罗听从了我的建议。上了飞机后，他没立即打开笔记本电脑，而是和他旁边的女士闲聊起来。他冒昧地说他很焦虑，因为下了飞机后要参加重要的会议。她回答说她也很焦虑。他问她为什么，她说她好久没工作了，这周她得重返职场。她的儿子很优秀，高中时是优秀毕业生代表，大学时拿到了田径运动员奖学金，可最后死在了自己的房间里。那时她才知道儿子吸毒。至于死因，显然是自杀。

保罗很少流泪，可这回他说着说着就哭了，哭得几乎说不出话。他说，当他听着这个心碎的陌生人讲述她的遭遇时，他完全沉浸其中。保罗接着讲起在这位女士的儿子的葬礼上发生的事：两个叔叔说服男孩的弟弟参加当天下午的高中生越野赛。他们相信，哥哥的在天之灵希望弟弟参加比赛。尽管没哥哥那么擅长跑步，这个男孩还是跑出了他有史以来最好的成绩。最后跑进体育场时，所有的参赛选手都给他让道，看着他跑向终点。他们为他欢呼，以悼念他死去的哥哥。要知道，弟弟就算发挥得再好，也不可能跑得过他们。

说到这里，保罗泣不成声，大家也感动得满脸是泪。他说他这次压根没想嚼烟草或喝酒。

"我想知道为什么这个故事对我影响这么大。"他说。我认为那个自杀的年轻人也许和保罗一样成就成瘾。也许成就成了他的一切，他不知道什么能真正给一个人带来爱和尊重。

谈到这段经历时，保罗的表情发生了变化。我看到了一种他从未有过的平静。保罗接受了自己的不完美,他明白了,带着同理心与人交流会改变大脑里的神经递质水平。

保罗并没有试图通过酒精和尼古丁来消除自己的不安全感,他发现,试着去理解别人、沉浸在别人的故事中可以让他接受并应对内心的不安全感。他把自己的情绪和不完美之处告诉了别人,这样他获得了更强的自我意识,也更能接受自己作为普通人的一面了。通过相互之间的共情,他不仅获得了这些年来他努力表现想要获得的东西,也找到了他迫切需要的平静。

【工具箱6:关于工作的四个写作练习】

本章开头提出了四个问题,哪怕只有一题回答"是",我也要请你打开思路,想一想你对工作是怎样的看法、你希望自己能实现怎样的目标以及你觉得自己应该得到怎样的奖励。下面的写作练习会对你有所帮助。

你是否觉得你的职位听起来不太风光?

写作练习1:描述你的理想工作,比如你想要什么样的职位,想得到多少经济回报。同时试着弄清楚什么最吸引你——工作本身,还是它能带来的声望。你想做这样的工作,是因为你觉得你的能力适合这份工作,还是因为它能让你觉得"圆满"?把对你来说最重要的因素写下来。

你是否总在算自己赚了多少钱？

  写作练习2：描述一下，如果你的房子更豪华，你的车更昂贵，你持有的投资更多，你的生活会有哪些改善。问问你的另一半，他/她是否同意你的想法。

  描述一下，当朋友或同事买了你买不起的东西时，你的感受如何。他们让你产生了什么样的情绪？你认为他们所拥有的财富对于他们来说意味着什么？对于你呢？

  最后，描述一下对你来说，什么样的财务目标实际且合理。在思考这些目标时，你应该弄清楚，想要改善生活，你真正需要的是什么。（你真正需要的，与你为了证明自己是赢家，证明自己比竞争对手挣得还多而渴望得到的是两回事。）评估一下，你是否已经实现了实际且合理的财务目标。如果没有，你需要做什么才能实现这些目标？

你是否很多时候觉得别人的资历很耀眼？

  写作练习3：你想跟谁交换身份？把他们的名字写下来。比如明星或运动员，并描述你最渴望他们生活的哪个方面。你是否觉得你也应该得到他们所拥有的东西，并因为没有得到而觉得自己命不好？

  准确描述他们有而你没有的东西。解释一下，得到这些东西会给你的生活带来哪些永久的改变。

你是否会把那些有钱有势的人想得很完美，而不考虑他们的性格、品行？

  写作练习4：把你知道的生活美满的人写下来。是什么让他们如此美满？他们对生活的看法是什么？他们的观点与你的观点有哪些相同点和不同点？

想一想，你是否渴望同事的认可和赞美？你是否渴望家人和朋友的认可和钦佩？比较两者的差异。描述一下，你在生活中最关注的是什么。要平衡好生活的方方面面，你可以怎么做？请列出具体的步骤。

第九章

摆脱成就成瘾，体验生活的意义与乐趣

1. 你是否只有在别人为你的才学和魅力倾倒时才会感到快乐？

2. 一个人单独做某件事时，你是否很少能从中找到意义？

3. 你是否更多时候从结果中寻找意义，而不从过程中寻找意义？

成就成瘾会偷走我们简单纯粹的快乐。要求一个喜欢运动的人表现得更好会偷走他/她运动的快乐。如果才华横溢的音乐家害怕犯错，哪怕是一点小错，那他就不会为自己精湛的技艺而欢欣鼓舞，甚至不能从聆听和演奏中得到满足。一心想成功的人会用进步来衡量每时每刻的自己，会仔细审视自己与他人的差距以估量自己的价值。说得极端点，他们无时无刻不感到压力。

亚伦：赛前怯场

女儿就读的私立学校要举办一场家长和教师的垒球联谊赛，作为爸爸的亚伦主动报名担任投球手。他知道自己不擅长垒球，但这又有什么关系呢？他喜欢打垒球，而且他也是出于热心嘛。女儿和她的朋友们会在球场边给他加油助威的！想到这儿，亚伦很兴奋。

可就在比赛的前一天晚上，亚伦开始犯恶心。第二天早上，他感觉自己连路都走不了了，更别提当着大家的面投球了。他只能告诉校方他病了，对此女儿很失望。当然，他不是装病，他真的感觉很糟。

但这个插曲让亚伦后来想起了一件事：亚伦上高中时是橄榄球运动员，他觉得自己打得很糟，每次比赛前都会呕吐。二十年后，他的老毛病又犯了。但这是为什么呢？是什么让他如此患得患失？

从上大学开始，亚伦就被同样的恐惧笼罩着：他害怕输球，害怕出丑，害怕让大家失望。他本应好好地享受比赛，却不得不与固执己见的自我对抗。因为他没能出现在赛场上，他的女儿感到遗憾和失望。她并不知道，对于父亲来说，那场本应是享受的比赛实际上是令人痛苦的考验。

找到真正重要的东西

亚伦的经历表明，成就成瘾是以隐性的方式剥夺人的快乐的。虽然奖励就摆在我们面前，可我们却丧失了接受奖励的能力。毕竟，在成就成瘾者看来，还有什么比不劳而获更不合理，更值得怀疑的事呢？不劳而获的奖励可信吗？是真的吗？如果是真的，那为什么没人早点告诉我们？如果什么都不付出就能获得简单纯粹的快乐，那人们为什么还要为了取得成就、为了得到别人的认可而努力？

成就成瘾者认为，人的意义应当通过努力工作来实现，而不是全靠运气。偶然性是对成就成瘾者信念系统的侮辱，也是对他们信仰的蔑视。我们直觉上会以为放弃一个不断提要求的、教条的信仰体系很容易，但其实很难。人们对所有免费的东西都很怀疑、警惕甚至敌视，其中就包括不劳而获的幸福。

绝大多数成就成瘾者都必须经历一番苦痛的挣扎才能戒断。当你无意中收获巨大的奖励，而不是通过努力赢得它们时，你可能会觉得你熟悉的生活失去了意义。如果表现不重要，那什么才重要？这也是乔丹不得不面对的问题。

乔丹：敬业是种束缚

乔丹没上过大学，但他是波士顿一家顶尖的证券公司高薪聘请的经理。乔丹平时寡言少语，组员们都鼓励他多说话。他们能感觉到，乔丹正在努力改变自己。从乔丹为数不多的几次发言来看，他人很聪明，心肠也好，只是较为敏感。没上过大学的乔丹在职场上居然能取得这样的成就，这本身就很能说明他的优秀。他很有抱负，工作也努力，不过在绩效考核时，上级主管都说他们希望乔丹能更有主见、更自信些。他身上有一种安静的力量，我猜测公司的同事应该很相信他的能力。

然而，乔丹却对自己没信心。在成长过程中，他受到了母亲的影响，母亲对他抱有很高的期望。（他的父亲是缺席的。）无论做什么，乔丹都觉得自己似乎总让母亲失望。他的第一段婚姻关系与他和母亲的关系如出一辙，前妻为人苛刻、吹毛求疵，最后是她主动结束了这段婚姻，原因是他从未达到她的期望。现在他再婚了，前妻与他所生的女儿艾米今年10岁，周末会到他这里来。乔丹注意到，艾米每次都会落些东西在他这儿。所以他周一总得去前妻家里一趟，把女儿落的鞋啊、笔记本什么的送过去。

这几年来，乔丹正在逐步摆脱酒精成瘾。他与现任妻子的关系更好了，对自己、对自己的事业以及对成功的标准也不像以前那么苛刻了。

以前乔丹不仅把母亲的批评深深地记在心里，也习惯了母亲经常拿他跟姐姐比。姐姐不仅上了大学，还读了研究生，现在是一位备受瞩目的社会学家，在一所综合性大学担任终身教职。母亲总是打电话告诉他，姐姐什么时候要上电视访谈，节目结束后还会特意打电话过来，问他是否看了节目。母亲对姐姐总是赞不绝口："她多自信啊！看她侃侃而谈的样子，太棒了！"母亲接连称赞了四五分钟，乔丹听得怒火中烧，却又有苦说不出。他从未告诉过母亲他对这些话的看法——"乏味，充满说教意味，很愚蠢"。

尽管母亲对姐姐的过度崇拜让乔丹很恼火，但乔丹和姐姐相处得很融洽。不过，他不愿意告诉母亲自己的真实想法。听上去多么讽刺啊！他会战略性地沉默不语，仿佛置身事外。有时他也会表现出防御姿态、粗暴无礼。当母亲开始说教，告诉他应该怎样做时，他从不发火——那不是他的做派。但怒火总得有个发泄的地方，于是他把矛头对准了自己。

他会反复责备自己："以前失败是因为我不够努力，投入的精力不够多。过去的事已经过去了，这我无法改变，但我可以更自律，更努力，避免重蹈覆辙。就算我永远不会成功，但至少能做的我都做了，这样就不会有人说我没有全力以赴了。"

同时，愤怒也会滋生叛逆。乔丹仍然愤愤不平，甚至怀有报复心理："你不是说我一事无成吗？那我得证明给你看。我要把事情搞砸，让所有人对我都不抱期望，不再来烦我。"

当他陷入自我责备的情绪无法自拔时，酒精就会过来"帮忙"——至少它能让他不那么愤怒。喝多了的乔丹可以向自己证明，他对于自己失败的论断一点都没错。这是证明自己百无一用的最好方法。

但现在乔丹已经为自己设定了新的任务——探究自己的愤怒，把内心的不安全感告诉别人，坦诚地谈论自己的内心世界。对于正在戒断中的酒精成瘾者——拒绝将自己粗暴地定义为"一事无成"的乔丹来说，戒断的过程已经变成了寻找意义的过程。以前乔丹认为努力很重要且十分必要——要勤奋地工作，弥补过去的错误，获得一定程度的尊重和声望，以此证明他的自我价值。如果放弃努力，那他还剩下什么？他要用什么办法证明他的价值？他要怎样开拓自己的领地，找到一个他可以接受的新领域？

这确实是一个寻找意义的过程。乔丹要处理愤怒情绪，需要一个发泄愤怒的途径，却又担心自己会伤害到别人。他质疑敬业的意义，他明白，无论在事业上取得多大的进步，他也不会满足，可他又害怕如果自己变得懒惰，如果幻想破灭，他就会越来越懈怠。他努力摆脱母亲的期待，想打破她以为儿子的前途一片光明的幻想，却又害怕伤害她。

毫不奇怪，在这些力量的控制下，乔丹有时显得很茫然。小组讨论时，他心不在焉、迷迷糊糊，像是无法完全集中注意力，搞不清状况。有一次，有位组员问乔丹在想什么，是不是出了什么事。他的第一反应是"哦，没什么"。他说家里还有公司都还是老样子。然后有人问起他的女儿。乔丹笑着告诉大家，艾米在他那儿过夜时总是丢三落四。其他人听了也都笑了。

"有天晚上，"他接着说道，"她把毛衣和跑鞋落我这儿了，我得给她送回去。"也就是说，他得开车去前妻那里，结果那天前妻正好不在家。"是女儿给我开的门，她很开心。我把东西递给她说，'我知道你为什么总是丢三落四。她看着我，多半以为我要数落她没责任心。我却说，'那是因为你想让亲爱的老爸给你一个爱的抱抱！'女儿听了高兴地笑了，最后她抱了抱我。"

乔丹眼里噙满了泪水。他惊讶地发现，原来自己那么渴望女儿的拥抱。毫无疑问，他一直很关心女儿，和她在一起时很开心，看着她长大也很幸福。要做到这一切其实很容易。他只是单纯地爱着她，没要求，没期望，也不评判。父亲就是父亲，不在于你做了什么。

他甚至没注意到，他已经把工作降到了次要的位置。对成就成瘾笃信不疑的乔丹一直以为，有意义的成就离不开努力、牺牲和奉献。但他可以毫不费力地从女儿那儿得到一个拥抱。然而，女儿给他的奖励比他用心奋斗所得到的一切都要值得。

只有当乔丹放弃刻意努力，他努力寻找的人生意义才会浮现。意义来自真诚的参与和真诚的表达，而无法通过追求那些基于错误镜像的目标——他应该成为什么样的人，应该做什么事——获得。他一直生活在成就会带来有意义的回报的错误信念中。他反复提醒自己，他永远都不够好，他无法达到别人的期望。与此同时，他一直忽视了自己性格中更真实的一面，而这一面是无法通过成就来衡量的。冲破复杂的、令人疲惫不堪的重重障碍无法帮助我们实现人生的意义、获得真实的快乐，想要拥抱女儿的朴素的人性冲动才可以。

自我评估：你过得快乐吗？

你活得开心吗？如果答案是否定的，那你是如何误导自己的呢？原因是什么？下面的测试能帮助你进一步了解这些问题。请回答下面的问题，越快越好。大多数问题只需要你回答"是"或"否"。

1. 你多久开怀大笑一次？
2. 你是否需要借助酒精或药物才能开怀大笑？
3. 朋友和同事是否认为你清醒时比较幽默？
4. 你是否发现自己总是通过搞笑来赢得别人的认可？
5. 你讲笑话时是否觉得自己比别人高明？
6. 你讲笑话时是否会自嘲？
7. 你是否会把讲笑话作为一种防御机制，来避免亲密的、深层的交流？
8. 你的幽默有多少是源于与人相处时安适自在的感觉的？
9. 你的幽默有多少是源于焦虑的？
10. 你是否知道完全平静是怎样的感觉？
11. 你的人生道路是否以他人为导向？（以他人为导向是指你生活中的重大选择是由你取悦他人的需要决定的，而不是基于你自己的愿望。比如，你去读商学院是因为你的父亲告诉你读商科将来挣钱多，再比如，你选择律师做伴侣是因为你母亲说律师收入高。）

12. 别人的期望是否在很大程度上影响了你生活中的重大选择？

13. 如果你有孩子：

你是否觉得花很多时间陪伴孩子很无聊？

陪伴孩子时你是否经常会这样想：如果不用照顾孩子，我可以做很多事情？

你是否觉得孩子说话傻里傻气的，没法儿跟他们好好交谈？

14. 你在海边或山中时是否能获得心灵的平静？

15. 你周末出去度假时是否会感到沮丧，因为你怎么也放松不下来，无法享受大自然？

16. 你多久会有一次心流的体验（比如通过运动、表达爱、听音乐、听大海的声音达到心流的状态）？

17. 你每周的时间安排是否均衡？除了工作，你是否会留一定的时间独处、陪伴家人或朋友、娱乐？

18. 你在生活中的哪一个重要方面花的时间最少？

19. 你在生活中的哪一方面花的时间最多？

20. 你对这样的时间分配满意吗？

21. 如果让你的生活以自身需求为导向，你会做出哪些改变？

答完所有问题后，花点时间回顾一下你的答案。问问自己，有多少答案与成就成瘾有关。在哪些时候你能感觉到真正的快乐？这样的快乐与他人对你的看法无关，与你觉得你必须赢得的回报也无关。问问自己，怎样才能以自身需求为导向去生活，实现意义和快乐的最大化。

你是在谋生还是在生活？

在《成功的未来：新经济时代的工作与生活》(*The Future of Success: Working and Living in the New Economy*) 一书中，美国前劳工部部长罗伯特·赖克（Robert B. Reich）将个体寻找意义的困境与大的社会经济背景结合了起来。我猜想，赖克以他在政府、学界和商界的经验为基础的论述会引发许多人的共鸣。

"大多数美国人，"赖克写道，"似乎确实在寻求更平衡的生活。问题是，我们越来越难以平衡好谋生与生活，因为新的经济逻辑决定了我们必须更多地关注工作，更少地关注个人生活。"

当在工作和家庭之间进行选择时，这个国家的每一个人都面临着重重困境。赖克以他所了解的统计信息为基础，提纲挈领地指出，那些在自身专业领域做到顶层的人、薪酬最高的人花在工作上的时间也最多。我们可能希望花更多的时间陪伴家人、孩子，参与社区工作，但我们去哪里偷时间呢？每个人的工作环境都变得更具竞争性，更不稳定了。除非你在资金雄厚的大学担任终身职位或者有"金色降落伞"的庇佑，否则你的工作实际上可能岌岌可危。这就是职场的新现实。

乔丹很后悔女儿小的时候没能多陪陪她，但他选择努力工作、发展事业不仅没错，而且很有必要，我们都能理解。正如赖克指出的那样，努力工作看似个人的选择，但其实"根本不是真正的个人选择，因为在当今时代，为了报酬而努力工作的好处、不这么做的坏处以及生活在社群中的好处和成本，都比过去要大，在美国更是如此"。

像许多离过婚的美国人一样,工作和赚钱曾经占用了乔丹大量的时间。现在他走到了一个十字路口——父女关系变得更加重要了,而事业退居其次了。不过,这一事实丝毫不能说明他之前的选择是错误的。这是我们所有人都要面临的选择,而目前美国社会的竞争性、流动性和不确定性只会让我们的选择更难。

虽然我们可以改变我们的想法和价值观,但对于工作、家庭和娱乐时间的分配,我们却无能为力。赖克引用了一个有说服力的统计数据,"与30年前的父母相比,现在的美国父母每周花在孩子身上的时间平均少了22个小时"。这一数据中包含了许多人口统计学的因素:现在美国的单亲家庭、双职工家庭都比以前多,而每个家庭的孩子比以前少了。但我们陪伴孩子的时间越来越少,这基本是事实。

仅凭一己之力,乔丹无法扭转这一趋势。没人能做到。但如果我们被潜意识中的成就成瘾的要求所驱使,那么想要决定如何支配时间就会难得多。乔丹已经意识到,再多的职业成就也不能给他带来快乐。但就算认识到这一点,乔丹也不会不工作,或者减少工作时间来更多地陪伴女儿。不过在了解自己的成就成瘾后,乔丹现在可以更加清醒地做出选择。父女关系可以给他带来回报,而这样的回报是努力、勤奋、专注地工作无法给他带来的。他也许有希望成为区域经理,也许压根没希望。但无论怎样,他都可以向女儿要到一个拥抱。问题在于:他能坚持他的看法吗?

这听起来很简单。可如果你成就成瘾,一切就没那么简单了。如果你满脑子想的都是获得更高的成就,你就会觉得,不劳而获的东西似乎来得太容易了。

不要用对待工作的态度体验生活

成就成瘾不仅对人际关系有明显的影响，而且这个"诡计多端的敌人"还能以很多其他方式偷走人们简单纯粹的快乐和喜悦。"奇怪的是，"赖克说，"你越富有，就越有可能在工作中投入过多的时间和精力，甚至不工作时也会想着工作。拼命工作并不一定能让你更富有，但要想更富有，你一定得拼命工作。"

很多人无法从疯狂的工作中抽离。周末要工作，假期也要工作。电脑、手机、电子邮箱，我们通过各种方法与人保持联系，即使没有使用电子产品，我们也知道自己应该随时待命。事实上，在竞争激烈的环境中，我们必须随叫随到，因为这样别人才会觉得我们有责任心，觉得我们很珍惜机会。做关键决定时却联系不上你，这怎么行？如果别人通过电邮、电话联系不上你导致你错过了一个千载难逢的机会，你会作何感想？

这些想法会导致焦虑情绪，并让你觉得内疚，觉得自己不该逃避工作。除了这些想法，其他力量也会夺走你的自由时间。因为现在假期变得越来越短，越来越宝贵，有些人会觉得假期也不能浪费，也得好好利用。比如，成就成瘾者会把假期也当作一种考验，考验的是自己利用时间的能力。

凯文：计划必须万无一失

凯文给假期做了一个非常棒的计划，这个计划很合他的心意，能满足他对旅行的向往，还能让他尽情享受自己的爱好。年轻的凯文是一家高科技公司的工程师，对英国古典跑车情有独钟。他有一辆1963年产的捷豹敞篷车，已经开了很多年。对于即将在弗吉尼亚州举行的老爷车拉力赛，凯文很期待，并特意把车送到店里整修了一番，好为接下来1600公里的旅程做好准备。这个假期一定特别美好——他不仅可以来一场漫长而愉快的公路旅行，还能和其他老爷车爱好者玩上一周。

但随着比赛时间的逼近，凯文的心情从期待变成了焦躁。机修工耽误了些时间，这让凯文大失所望。车子要周五才能上路，只能勉强赶上比赛，凯文基本上没机会试驾。另外，有个也打算参加拉力赛的朋友告诉他，开那么远的路不安全，他跟凯文开的是同款跑车，只不过型号更老些。开那么远的路太容易出事、出故障了，所以朋友打算直接把车运到弗吉尼亚。离出发的日子越来越近，原本认为会很愉快的假期现在成了"一场挑战"。

"你认为你的朋友是对的？"我问道，"也许开那么远的路确实不安全？"

凯文只能重新计划了。也许把车运过去确实更好，但这样他不得不面对一个两难的局面。他已经"夸下海口"，说他打算开车过去，怎么能"临阵退缩"呢？难道他只能向朋友和工程师同事们承认，万一车子在路上出现什么问题，他根本应付不了吗？这也太丢脸了。

接着我们仔细思考了一下，这到底算不算"临阵退缩"。干吗不说是因为机修工耽误了时间呢？根据凯文的评估和机修工的建议，在长途旅行之前需要测试车况，这很合理。朋友们应该觉得凯文这样的决定很明智才是，而不是认为他没胆量。

凯文反思了一会儿。"我这是在努力证明我的价值吗？我的老毛病又犯了？"

在那一刻，我们都知道凯文真正想问的是什么。他期待已久的假期甚至还没开始，一种他无法控制的力量就已经把他的快乐给榨干了。在前期准备阶段，凯文确信一切都会完美无缺，为此他很高兴：精准调校的车子会如期交到他手中，车况完美，万事俱备。凯文会证明，他有无懈可击的计划和高超的执行力。而现在呢？车子可能出故障，他也可能迟到，而向同事和朋友承认自己未能做到这一切，他会觉得很丢脸。

我们继续聊着，渐渐回到了"案发现场"。原来曾经凯文的父亲每天下班回到家都会吹嘘他今天卖出了多少张人寿保单，不仅跟妻儿吹嘘，甚至逢人便讲。他卖的保单比别人多，每单赚得也更多。有一年公司解雇了两个销售，凯文的父亲干脆就包揽了他们的业务，他卖出的保单比这两个销售加起来的还要多。凯文的父亲无所不能。"他总是那么有把握，他总能想出办法。"凯文回忆说，"讽刺的是，他通常是对的。"

凯文被父亲的阴影所笼罩，在成长过程中他了解到，要想实现目标，只有一个稳妥的办法：如果启动了一个项目，那项目就得分毫不差地按照他的预期完成。既然制订了计划，就必须精准执行。凯文需要做的是解决问题，保证一切正常运转，并证明他能想出答案和对策。

我们谈到了他对于确定性的病态的执着，也就是说，他百分之百地相信总有人知道正确的答案，而且只有那个人知道。对于执着于确定性的人来说，结果应该是一个已知的结论。必须严格按照计划行事，偏离计划是软弱的表现。凯文言简意赅地说："如果你犹豫了，那就是临阵退缩。"

父亲从未退缩过，儿子当然也不能怯懦。但幸运的是，这一次凯文"退缩"了。他把捷豹装载到卡车上,然后一路向南。这次旅行与他的预期完全不同,但他说这是他"这辈子度过的最棒的假期"。他才发现这种自由的感觉是如此令人振奋。

享受松弛感

当快乐降临时,你能感受到它吗?你会允许自己接受它吗?如果自出生起,别人就教育你要用成就来评价自己,那你会如何评价一无所成的自己呢?美好的事会自然而然地发生吗?想要获得巨大的快乐和幸福,获得真正的自我价值感和成就感,难道不应该付出心血和汗水吗?难道你不应该抓住机会,发挥你的潜力吗?一些成就成瘾者的体会是,最开始能给人带来简单纯粹的快乐的事最终会成为对勇气、意志力和决心的巨大考验。

查尔斯:找到乐趣

查尔斯40多岁,喜欢打网球。他知道,自己得在某些条件下才能从这项运动中找到乐趣。查尔斯很清楚,如果是去网球俱乐部打比赛,他不能接受自己输。想要赢就必须提高球技。为了提高球技,他必须分析自己在球场上的表现,也就是说,他得发现自己的不足,反复练习并力求做得更好。但这样打球一点乐趣都没有。无论是热身对打、一局比赛、一场比赛还是锦标赛,都是查尔斯衡量自己有多优秀、多专注的重要尺度。每一次击球都成了一种考验,一种判断他能否提升自己的考验。

查尔斯担心成就成瘾会掌控自己并夺走自己这点虽然很少

但至关重要的乐趣,于是他只和妻子打球,从不去俱乐部。庆幸的是,与妻子打球时他并不觉得自己必须场场赢。与妻子打球像是一种恩赐,可以让他暂时忘记用成就来衡量自己。

与此同时,查尔斯还有另一个重要发现。每当妻子打出漂亮的穿越球时,他都很高兴。无论他俩谁打出漂亮的截击球,无论谁赢了比赛,他都很高兴。无论能不能接到妻子发的快球,他都会在心里欢呼:"哇,太棒了!"

跟我说起这些时,查尔斯似乎有些沮丧。他怀疑自己是不是有些盲目乐观了。但我知道他为什么能这么松弛。他正在试图让自己摆脱成就成瘾,开始去体验快乐。这能帮助他从自我评判甚至自我毁灭中解脱,不再总关注自己的表现。

我想起了七次蝉联环法自行车赛总冠军[①]的兰斯·阿姆斯特朗的一句话。阿姆斯特朗曾患上癌症,差点没命。康复后,他回到了早先的训练地北卡罗来纳州的布恩,为重返赛场做准备。在漫长的康复期,他对自行车、对自己、对山川的喜悦第一次超越了曾驱使他一路奋进的愤怒和竞争意识。"我怀着对那些美丽、宁静而又深情的山脉近乎崇敬的心情骑完了余下的赛程。骑车虽然很累,但也让人平静。我心里充满了对骑车纯粹的热爱。最后我觉得,布恩就像是我的圣地,是我朝圣的地方。"

我相信每个人都能感受到这种朝圣的喜悦。对骑车的人来说,这种喜悦是沿着长长的山路溜下坡,在绿树成荫的自行车

[①] 2012年10月22日,因兴奋剂事件,国际自行车联盟剥夺了阿姆斯特朗包括环法自行车赛在内的部分冠军头衔。——编者注

道上缓缓转弯。对游泳的人来说，这种喜悦是跳入水中、滑行、双臂划水。对于写日记的人来说，这种喜悦是打开新的一页，写下日期，写下脑海里最初的想法。对于观鸟的人来说，这种喜悦是看到一只唐纳雀。对于喜欢家居装饰的人来说，这种喜悦是给刚装修好的房屋做最后的装点。

　　这听起来很简单，但成就成瘾者很难体会到这种喜悦。即使没能打破之前计时赛的纪录，你也能享受骑行的乐趣吗？你能做到不在意骑行有没有让你减重吗？即使没有上次游得好，你也能享受游泳的乐趣而不是命令自己多游一会儿吗？写日记时，你能不把自己与畅销小说家做比较吗？在瞥到唐纳雀的那一刻，你会忍住不去查询它是不是最早迁徙到此地的一只吗？在环顾刚装修好的房屋时，你能不去关注装修的种种小瑕疵吗？

　　我希望你能试试看。如果不用各种标准来衡量、评价自己，而是体验和享受做这些事的乐趣，你就会知道，摆脱成就成瘾是怎样的感觉。

【工具箱7：寻找意义的三个写作练习】

　　如果你对本章开头几个问题的回答是肯定的，那你可以通过下面几个重要的写作练习来体验更多的快乐。

你是否只有在别人为你的才学和魅力倾倒时才会感到快乐？

　　写作练习1：给对你的人生产生重大影响的人写一封感谢信。这封信不一定非要寄给对方，只要尽可能全面地表达出你的感激和赞美之情即可。告诉那个人他/她对你意味着什么，为什么你们的关系对你如此重要。

一个人单独做某件事时，你是否很少能从中找到意义？

　　写作练习2：下次开始做一项新工作时，无论是在家还是在公司，不妨先停一停，想想看你喜欢这项工作的哪些方面，尽可能具体地把它们写下来。你能弄清楚你为什么喜欢这些方面吗？问问你自己：还有没有这类无论结果如何，你都会喜欢的工作呢？

你是否更多时候从结果中寻找意义，而不从过程中寻找意义？

　　写作练习3：回忆你最开心的二十个时刻并描述这些时刻——哪些是成就成瘾给你带来满足感的时刻，比如，得到奖励或别人的赞美、挣钱、花钱等等，哪些是纯粹简单的、快乐的时刻。再把每个人都会珍惜的幸福时刻写下来，比如见证新生命的诞生、坠入爱河、与老友久别重逢或者听到好听的音乐等等。

第十章

成就成瘾的后果:
焦虑的家长与不自信的孩子

1. 你是否希望你的孩子像你一样有竞争力?
2. 你是否会用孩子的成就来提升你的自我价值?
3. 你是否经常对孩子的外表评头论足?
4. 你能容忍孩子的人生走向偏离你的计划吗?
5. 你认为孩子在学业或运动方面的成功有多重要?

我觉得这里有一个与传承有关的问题。而且这个问题日趋严重。成就成瘾者不仅向我,向他们的父母、伴侣、朋友、恋人,也向他们的孩子伸出双手,可孩子们却不知所踪。孩子们呢?为什么孩子们看起来如此遥远?

有些奋发图强的来访者会推迟生育,等到事业有成、收入稳定、成就有所保证时才会考虑生孩子。有些来访者多年来一直在尽力挤时间陪伴孩子,可他们发现,孩子长大后,亲子交流似乎无比困难。有的父母基本上把亲子关系建立在日程表、学习目标和各项衡量标准之上。还有些父母会因为孩子们未能发挥潜力而深感失望。

生儿育女,照顾好他们,并致力于他们的未来,这是一项重大工程。对孩子用心良苦的父母远多于漠不关心的父母,但很多家长对亲子关系深感担忧。很多父母会觉得他们与机会失之交臂,或者说正在错过机会。

无论你是否已经为人父母,我认为理解我们与下一代的关系，并认识到我们向他们传达的是怎样的信息至关重要。有孩子的人都知道，孩子的态度和行为不仅能反映出你的态度和行为，还会让你想起你与父母以及其他家庭成员的关系。

就算你没有孩子，也应该能明白我的意思。与父母的关系是人生固有的一部分，父母是我们朝夕相处的人。我们都在寻找爱。如果我们发现，父母是以我们的表现为衡量标准来决定给予多少爱的，我们就会选择延续这一传统，以成就成瘾的体系来衡量我们应该给予别人多少关注。我们能打破这个循环吗？

我指的是时间和责任的重新分配。我并不是要父母花更多时间陪孩子玩接球游戏或电子游戏。但我认为，如果我们被各种标准、测试和焦虑所蒙蔽，就会歪曲孩子的形象。

如果你成就成瘾，可又不希望孩子跟你一样，那你如何才能打破这种循环？我们所有人都需要打破幻想——功名利禄能给我们带来幸福和满足感的幻想，功名利禄会让我们找到爱、给予爱的幻想。如果我们只是把这些幻想传给下一代，而不去真正了解孩子是谁，不倾听他们的需求，我们传承给孩子的价值观就会有问题。

成就成瘾的代际传递

父母常常会预设孩子的人生，他们很担心孩子达不到他们的期望。但孩子需要的是父母无条件的爱，虽然他们还不太能够准确表达自己的需求。在小组讨论中，一位母亲发现她的成就成瘾会对女儿造成伤害，但让她幡然醒悟的并不是她的女儿。

安妮塔：了解女儿的感受

安妮塔有三个女儿，她义无反顾、全心全意地爱着她们。她和前夫只生了一个女儿，今年19岁的海伦。另外两个女儿是她和第二任丈夫生的，大的12岁，小的10岁。

安妮塔在恪守教规的宗教家庭长大，她的父母都是摩门教徒。父亲是高中足球教练，从来不认可她，也不看好她嫁的两个男人。46岁的安妮塔发现自己的两任丈夫都冷漠而苛刻，动辄挑剔她的不是。她很清楚怎样才能获得现任丈夫的认可。现任丈夫是位科学家，为政府部门做研究。如果她的衣着无可挑剔、妆容得体，她看起来比实际年龄年轻得多，丈夫就会很满意。但如果她显露出一点衰老的迹象，丈夫就会满脸不高兴。所以她只能在外表上下功夫。她做了整形手术，包括隆胸、腹部塑形，还整了下巴和额头。她一直在节食和锻炼，一心想要像模特那样。她的丈夫也很赞成她这样做。

安妮塔总担心女儿的成绩、学业排名和在运动方面的表现。要是哪个孩子排名靠后或者遇上了什么麻烦，她就很焦虑。大家都看得出来，她很担忧女儿。

一天晚上，组员莉莉安谈到了她与母亲的关系。在这之前，大家似乎并没发现安妮塔和莉莉安有什么共同点。莉莉安和丈夫没要孩子，她所要面对的问题似乎与安妮塔的问题毫无关联。

莉莉安是一位专业歌手，她在意的是自己的音乐才华、表演能力以及她在音乐界的地位和成就。而安妮塔担心的则是女儿的成就和丈夫的认可，她总想掩饰自己的年龄，改变自己的外表。她们能有什么共同之处？

莉莉安是家里三姐妹中最小的一个。当安妮塔说起女儿们时，莉莉安立刻就产生了共鸣。她向安妮塔讲起她的母亲。通过莉莉安的描述，我们看到了一位与丈夫关系疏远，只能把自己的爱完全倾注在三个女儿身上的女性。

"我爱我的妈妈，"莉莉安告诉我们，"但我从来不能随心所欲地生活，因为我总担心会惹她不高兴。"接着她又告诉我们，这让她感觉很不自由，无法享受生活和工作。她甚至决定不要孩子，因为她不想把自己的担忧传给下一代。

这是一个极不平常的时刻，因为莉莉安的视角与安妮塔女儿的视角相近，只不过她要大上20岁，正在对"母亲"讲述她的成就成瘾对自己的影响。从莉莉安的讲述中，安妮塔了解到，承受母亲期望的重负是怎样的感觉。莉莉安好像是在为安妮塔的女儿代言，为她们的自由而呐喊。

安妮塔觉得自己不得不承认一些事实——父亲所推崇的那种高尚的道德境界，她无论如何也达不到；无论花多少时间和精力锻炼、整容和打扮，她也永远达不到丈夫的审美标准。不过她还有选择的机会，可以决定是否将对女儿的关心和关注作为衡量自我价值的唯一方式。莉莉安正试图把安妮塔和她的女儿们从这个重负中拯救出来。

安妮塔有很多错觉。她以为好好养育女儿，让父亲对他的外孙女们引以为豪，这可以证明她的价值；她以为女儿的成功能换来丈夫无微不至的爱，这是对她的奖励；她以为，女儿的成功满足的是她们自己的渴望和抱负。安妮塔希望女儿成功，也同样希望她们幸福。

安妮塔意识到，即使女儿再成功，她们需要的也是她的爱，而不是她的担忧。长大后她们依然会觉得困扰，因为她们不知道怎样做才能得到母亲的认可和爱，不知道如何去弥补失败，以达到母亲设想的成就高度。除非安妮塔能处理好自己的成就成瘾，否则女儿们对她就会像莉莉安对她母亲的感觉一样。无论她们多么爱自己的母亲，都无法随心所欲地生活，因为她们担心这会让母亲不开心。

哈佛学子幸福吗？

我有时会想，如果我告诉父母们，即便孩子取得了很大的成就仍然可能不快乐，他们会作何感想。如果他们知道，沿袭了他们的成功标准的孩子可能会困惑、低自尊，可能会成就成瘾，那又会怎样？

证据来自哈佛大学的精神病学家阿曼德·尼科利（Armand Nicoli）博士，他在哈佛大学教授"西格蒙德·弗洛伊德和C.S.刘易斯：两种截然不同的世界观"课程，已经教了三十年。在过去四年里，这门课一直是哈佛学生评分最高的核心课程。这门课被列入哈佛医学院的课程长达十一年之久，美国公共电视台的一期特别节目里还讨论了这一课程。有次上课时，尼科利博士提了一个简单的问题："哈佛的学生幸福吗？"

学生们都支支吾吾答不出来。最后，同学们达成一致意见：哈佛学生一点也不幸福。

尼科利博士佯装惊讶。"什么？这怎么可能？你们衣食无忧，各方面都称心如意。你们聪明、年轻，未来一片光明。"

尼科利博士的学生们经过讨论得出的结果是：许多哈佛学生不快乐，因为哈佛是一个孤独的地方，他们在这儿建立不了真正有意义的关系。

学生们很沮丧地承认了这一点，接着真正的课堂讨论开始了。你对于幸福的概念从何而来？成功意味着什么？它与幸福是什么关系？在一个理性思考至上的地方，你付出巨大的努力会得到怎样的回报？

多年来，尼科利博士一直鼓励学生讨论这些话题，他知道这能带来什么。"他们所谓的成功就是获得名利，"他说，"他们相信有一天自己一定会成功，那时就会很幸福。但他们又一致认为，仅仅通过理性思考并不能造就优秀、高效的人才。"

回到我在前文所说的幻想问题，即消除成就成瘾的幻想。想象这些学生的父母如果也出现在尼科利博士的课堂上，那将是一场怎样有教育意义的经历。毕竟，他们的孩子已经攀到了顶峰，上的是哈佛这样的常春藤盟校，享受的是最顶尖的教育资源。他们把孩子送到这所著名的高等学府一定花了很多心血，付出了很多努力。如果这些家长听到尼科利博士质疑他们那套评估孩子的标准，那会发生什么呢？成就成瘾的父母一定会大惊失色。

不被真正看见的孩子

在一个成功被奉上神坛的世界里，成就与理性、严谨的思考方式似乎能给我们带来丰厚的回报，我们真的能拒绝它们吗？很难。

想象一下，你警告那些要去哈佛深造的孩子，他们在那儿可能不快乐——当然，这么说有些片面——但如果大多数孩子依然选择如此呢？就算他们觉得你说得有道理，他们也仍然相信，哈佛能给他们打开锦绣前程的大门。我也与那些在成就成瘾环境中长大的父母聊过，但他们根本不听我的，依然会把错误的理念和价值观传递给孩子。我发现，很多父母在谈论自己的孩子时，主要是通过学术成就、运动能力、所获的奖项、前景和抱负等方面来评价孩子的。他们眼里只有这样的评价标准，没有孩子。我无法理解这种关系。我不知道这样养育孩子，父母能得到什么乐趣，我甚至不知道，父母能从这样的养育过程中学到什么。这就好像从孩子呱呱坠地的那一刻起，父母就开始做简历，孩子存在的意义只是让这份简历的内容更丰富，更耀眼。这样的养育会造成巨大的损失——既是父母的损失，也是孩子的损失。

凯特和吉姆：不同的幸福观

凯特已婚，有三个孩子。她和吉姆都毕业于波士顿学院，他们在那里相识。凯特后来获得了工商管理硕士学位，但她放弃了银行的高薪工作，成了全职母亲。吉姆是律师，刚成为他所在公司的合伙人。这是他努力已久的目标，可他不仅没觉得高兴，反而很痛苦，因为他把他的收入与其他合伙人的比较了一番。

他们的大女儿，16岁的梅琳达是从整个州选拔出来的足球运动员，但成绩一般。梅琳达有两个妹妹，一个8岁，一个5岁。凯特告诉我，这两个孩子有发育障碍。她决定放弃工作，照顾家庭，因为"两个小女儿的问题太多了"。

与初次相识时相比，凯特和吉姆都已经判若两人了。凯特笑着形容他们俩现在"很无趣"。"我们很专注,目标清晰,"她补充说,"但生活并不像我们预想的那样。"

从凯特对家庭成员间关系的描述来看,很明显,吉姆看重的是大女儿,足球冠军梅琳达。他希望梅琳达能把成绩再提一提。要是她成绩能再好一点,招生组又看重体育特长的话,那她就有机会进入一流大学。所以吉姆总是敦促她用功,而梅琳达当然不愿意。而且,要是让梅琳达照顾她的两个妹妹,她就会勃然大怒。凯特说,有一次梅琳达冲她大发雷霆,尖声喊道:"难道她们有两个妈妈吗?"

吉姆这样看重梅琳达,是因为她是他最大的希望。另外两个孩子让吉姆感到十分挫败。一个星期六,凯特出门去了,留吉姆和两个小女儿在家。几个钟头过后,凯特回到家,发现吉姆已经对两个孩子发了一通火。原来午饭还没吃几分钟,8岁的吉莉安就开始跟爸爸要这要那,吉姆没理她,让她回自己房间待着。后来妹妹又号啕大哭,吉姆干脆把她们都轰走了。凯特回来时,两个小女儿都在自己的房间里,而吉姆正在电脑前工作。一下午都是如此。

事实上,吉姆对两个小女儿不管不顾。他从不过问她们的功课,也不给她们讲故事。但凯特不能接受他这样。毕竟,两个小女儿总是很快乐,而梅琳达似乎总是很焦虑,总爱顶撞大人。凯特不知道两个小女儿将来会不会像她年轻时一样优秀,一样有出息。

最终,凯特不再对两个小女儿寄予厚望,可吉姆仍然在替梅琳达操心。那她们是不是被父母完全忽视了呢?

凯特爱她们,每天都会抱抱她们。她们活得很开心,让凯特想起她的哥哥，一个从不在意自己做的是不是"正经工作"的艺术家。凯特与吉姆形成了鲜明的对比——吉姆动辄对自己取得的成就吹毛求疵，还喜欢攀比，搞得自己很痛苦。

吉姆仍抱有一线希望，希望两个小女儿能从缺陷中"恢复"。也许他能心愿成真，也许不能。面对两个渴望父爱的小女孩，他必须做出选择：是愿意做真正意义上的父亲，还是要延续父亲缺席的传统？

我并不是说经济、社会和职场这些方面的压力都不存在。夫妻俩都知道，成了合伙人的吉姆不可能为了陪伴女儿而忽视工作。两个小女儿无论是在校内还是在校外，都需要额外的帮助，所以夫妻俩的经济压力也更大。吉姆和凯特还打算送两个小女儿去上私立学校，这又是一大笔开销。虽然她们的表现并不突出，但有责任心的父母也不会因此忽视对她们的培养。只要有一丝希望，他们都会不遗余力地帮助她们发挥潜能。实际上，两个小女儿的情况更让吉姆意识到家庭对他的依赖。

吉姆能奋斗到今天的位置很不容易，有时别人无意说的一句话都让他妒火中烧，因为别的合伙人似乎比他更自信、更满足，当然收入也更高。从某种意义上说，两个小女儿会让他想起自己的弱点。他感到深深的焦虑和不安，怀疑自己也有学习障碍。这个想法困扰着他，也让他更担心两个小女儿的问题。

被工作侵占的亲子时光

许多父母必须面对艰难且不公平的选择。我想起了我服务多年的来访者克里斯，他是一家高科技公司的高管。

克里斯：要为千载难逢的工作而放弃生活吗？

克里斯与妻子和两个儿子住在波士顿富庶的郊区，但他上班地点是在加利福尼亚。他每周日上午过去，周四回来。

现在两个儿子都上了高中。妻子希望他换一份工作，周一到周五最好别出差。孩子们需要父亲，她也需要丈夫。克里斯每周有四五天不在家，这样的生活她还要忍受多久？

克里斯希望能找到一个对整个家庭都有利的解决方案，他面试了一份工作地点在亚利桑那州凤凰城的职位，这家公司是他现在东家的竞争对手，一直想把他挖过去，而且工资和福利待遇要好得多。如果全家都搬到凤凰城，他就不用再出差了，就能多陪陪儿子们了。"既然出差的时间少了，陪伴家人的时间肯定就多了。"他是这么想的。

但他没想到，妻子说她不想搬家。她太了解克里斯了：他一定会在顶级奢华的地段买一栋豪宅，配备上各种娱乐设施，但要不了多久，他就会没日没夜地工作，把孩子丢给她一个人带。虽然现在工作日见不到丈夫是挺糟糕的，但她预感到，如果搬去亚利桑那州，她和孩子会更加孤独，连走亲访友都不可能了。

面试克里斯的是那家公司的CEO，过程非常煎熬。对方已经开出了待遇——"薪酬高得叫人不敢相信，还有员工股票、期权，各种福利应有尽有"。然后克里斯告诉对方，他的妻子不想搬家。坐在桌对面的面试官俯身凑了过来。"别傻了，"他对克里斯说，"这是千载难逢的机会，错过了就再也碰不到了。你明白的，这里的女人多得是，再娶一个就行了。"

这就是高薪、高成就者所生活的世界。听到这位CEO的这番话，你也许会很震惊，但他只不过是不加遮掩地说出了他的真实想法。无论如何，这都是我们社会中的成功人士每天都在做的选择。这位CEO只是把普遍为他们所接受的观念说了出来：人与人之间的情感是次要的，物质和事业才是第一位的。

最终，克里斯放弃了这个工作机会。

我们可以选择认同这种观念，也可以选择不认同，但我们没法儿让它消失。

如何让改变发生

在这个更看重成就、轻视情感的社会中，我们如何才能让孩子们做好准备，迎接那些无法逃避的挑战？我们能够打破以成就为衡量标准，不断追求更好、更多的恶性循环，另辟蹊径，过上充实的生活吗？如何打破，又应该在什么时候打破呢？我们需要怎么做？改变我们的生活方式？对共同的未来有一个新的愿景？是巧妙地逃避？是给自己更多的休息时间？是用有创意的新方法管理时间，让自己立刻就能放松下来？还是用更有效的方法更高质量地陪伴自己的伴侣、朋友、父母和孩子？

当然，所有这些方法都有人尝试过。在对忙碌的狂热达到高潮之后，人们真正体验到了危机感。我们看到，领先企业的老板们被一定要比别人表现得更好的需求紧紧攫住，被抹杀一切道德意识和个人责任感的力量盲目驱动。无须多言，我们也知道有些地方出了大问题。当人们的消费欲远远超出合理需求时，当占有欲让人如饥似渴，无须进一步的统计数据我们也知道，人类的贪婪已经失控了。

如果你无法遏制膨胀的欲望，无法扭转物质泛滥的局面，无法换一种新的视角去看待人的价值，那你还能做什么？我认为，我们每个人都可以认识到并处理成就成瘾问题。这是一项挑战——不仅仅是要重新安排工作日程，重新安排业余时间，将精力转向新的活动。它的难度更大，也更有价值。如果我们能认识到自身的成就成瘾，找到它的源头，弄清楚它如何影响了我们的行为，那我们就有机会改变我们传递给孩子、学生、同事或伴侣的错误观念。

只是重新规划时间并不能让我们过上平衡的生活。我相信，要想过上平衡的生活，我们必须先了解我们是谁，了解是什么在驱动我们，还有——这也许是最困难的——允许并帮助他人了解，我们要如何应对这种驱动力。

孩子也是我们的老师

我们能在多大程度上容忍自己的不完美，又是如何去应对自己的不完美的？在这方面，孩子有时可以做我们的老师。孩子天生就能接受自己的不完美，他们的方法很有建设性，而父母们则往往会把这个过程复杂化。来访者利亚姆就是个活生生的例子——他的儿子能坦然面对真实的自己，这给利亚姆带来许多启示。

利亚姆：向儿子学习

跟利亚姆认识才几个月，我就料到他会经常失约。他会在最后一分钟打电话给我说,他临时接到一项任务,得在公司加班。我能想象出他的家庭生活是什么样的。利亚姆是一家会计公司的高级经理,天生的完美主义者,对自己要求过高,做事力求完美。

他10岁的儿子杰森对自己的表现过分焦虑,与别人相处时战战兢兢,对此我一点也不觉得意外。利亚姆对自己有着完美主义者的期待,而这样的期待实际上是种阻碍。怎么跟儿子谈论这件事呢?利亚姆和我讨论了许多方法。我认为他们父子俩非常相似,父子交流也许对双方大有裨益。利亚姆决心跟儿子说点掏心窝子的话。他没打算把自己塑造成一个完美无缺的形象,而是要告诉杰森,他俩其实很相像,只不过他焦虑的是工作,杰森焦虑的是在学校里的表现。

杰森要参加钢琴演奏会,为此还请了心理医生给自己做疏导。演出前,杰森有些紧张,这其实也很正常。后来利亚姆告诉我,演出还算顺利,只是弹错了几个地方。杰森并不知道父母买了这场演出的录像带。利亚姆觉得这件事最好别让杰森知道。要是儿子听到自己弹错了会怎样?利亚姆猜测,也许儿子会彻底崩溃,自此之后再也不肯登台了。

可杰森还是发现了这盘录像带,执意要看。

"我和他一起看了,"利亚姆说,"我的心怦怦直跳。我能想象儿子一定觉得很丢脸。"

但利亚姆错了。

看完录像后,杰森转身对父亲说:"我弹得也没那么糟,爸爸。下次我就不用那么紧张了。毕竟这才是我的第二次演出。"

利亚姆惊讶得说不出话来。儿子竟然会这样看待自己的表现?!

"能这样想真不容易。"我说。

很明显,利亚姆并不是这样看待自己的工作的。杰森比他的父亲处理得更好。利亚姆怎么才能找到办法来处理自己的焦虑?父子俩以后会怎样呢?

讽刺的是,本应该是由父亲告诉儿子如何应对焦虑,可儿子却只能在别处寻找方法。杰森从父亲那儿听到的都是说教,所以他以为父亲在工作中的表现一定完美无缺——父亲从不担心自己做不好,也从未体会过忐忑不安的滋味。我再次鼓励利亚姆告诉儿子真相,不要把工作说成小菜一碟。"把你的疑虑和担心告诉他,让他了解你内心的真实想法。"

我想象着父子俩开诚布公地交流,一起出谋划策会是什么样子。利亚姆能把他的工作情况如实告诉儿子吗?他会把自己知道的方法告诉儿子吗?这是他想做的事,他正在努力实现这一目标。

重塑幸福的观念

我们的大脑里充斥着看似美好的无稽之谈。有些在童年时就已深入我们的脑海,还有一些是成长中习得,直到后来我们才意识到。我们对这些无稽之谈深信不疑。例如,"成就感会给人带来满足",即便是成就成瘾驱动的;再比如"自律能使你更强大",即便这是由完美主义驱动的、过分苛刻的自律。

从理性的角度来看,要想"祛魅"并不难。有统计数据表明，聪明又有钱的人并不一定更快乐，也不一定更有安全感。我们可以说服自己，许多富有的高成就者并不比那些工作普通、收入一般的人更有成就感和满足感。我们能充分认识到"金钱无法买到幸福"和"外表美只是表象"等古老的智慧。我们甚至承认，人们固有品质中的力量不可估量，它们比严格自律的力量要强大得多。

我们也知道，如果不是由成就成瘾驱动，那么财富、美貌和成就也可以成为积极的属性。有些人既富有又有魅力，也取得了很高的成就，但他们能正确看待自己拥有的一切。他们并不认为出彩的简历能够为他们赢得爱和尊重。

那么怎样才能满足于现有的成就，而不是强迫自己做得更好、得到更多呢？我们需要通过转变性的经验来重塑观念。如何寻找幸福？我认为答案是打造平衡的生活。

【工具箱8：处理家庭关系的五个启示】

如果你是一名家长，下面这些启示能够帮助你处理家庭中成就成瘾的问题。对于教育工作者、辅导员和其他从事教育工作的人来说，解决成就成瘾问题同样重要。

你是否希望你的孩子像你一样有竞争力？

启示1：你可以鼓励孩子竞争，但这不应该是为了满足你的需要。如果孩子刚喜欢上具有竞争性的活动，那不妨关注一下：哪些活动最能给孩子带来满足感？留意一下：他们是真的享受获胜或取得成就的感觉，还是为了获得你的爱而这样做？

重要的是让孩子知道，你的爱和尊重是无条件的，如果获胜对孩子来说很重要，你会支持孩子。

你是否会用孩子的成就来提升你的自我价值？

启示2：孩子年幼时，父母应该允许并支持孩子自由地发展。这很重要，即便你看不出这会产生怎样的结果以及孩子能取得何种成就。试着把你自己的愿望和孩子的愿望区分开。你能允许女儿恣意地表达自己，而不纠结于她的外表吗？（比方说，如果女儿想去外面跑跑，你会要求她先把头发梳整齐吗？）如果儿子想做在你看来没有男子气概的事，你能做到丝毫不介意，丝毫不干涉吗？（例如，他想退出少年棒球联盟，参加戏剧社团。）

与孩子交谈时，父母需要更多地倾听，而不是表达。试着理解你和孩子之间的差异，尤其是那些让你感到不快的差异。你在这些方面的期望最有可能给孩子带来过多压力。

你是否经常对孩子的外表评头论足？

启示3：孩子哪里比较好看，能吸引你的注意？把它们列出来。包括穿着打扮与身体特征。夸赞孩子好看的地方，每周至少一次。例如，你可以说，"你今天早上的笑容好温暖啊""嗯，这个帽子好看，我喜欢这个颜色"。评论要尽可能地具体。不要批评孩子的外表，赞美也不能掺假。孩子更容易记住的是批评而不是赞美。不要给孩子提批评性的意见。"这帽子真好看，但我希望你能戴戴好"——这样不仅不会提升孩子积极的情绪，还很可能会引发争吵。

你能容忍孩子的人生走向偏离你的计划吗？

启示4：孩子选择怎样的生活方式最让你烦恼呢？跟自己说说看，或者在日记中描述一下。你认为重要的每一个方面都应该包括进去，如教育、专业选择、将来的居住地、婚姻或亲密关系、收入等。要尽可能地详细。例如，"我不能接受孩子去南方上大学，或者主修哲学，与爱尔兰天主教教徒结婚，住在罗得岛，将来当中学教师，没有考上研究生，或者年收入低于6万美元"。

接下来，评估你的担忧是否有合理的根据。仔细思考，你能否确定哪些担忧是基于你自己的偏见、不安全感或未了的心愿的。

你认为孩子在学业或运动方面的成功有多重要？

启示5：这是评估你与孩子相处情况的好时机，也是改变你总想替孩子的将来做决定，总想对孩子指手画脚的好时机。以下是一些预警信号，说明你在引导孩子遵循你设定的人生路线，而不是放手让他来探索自己的道路。

• 你引导孩子走的是一条令你欢欣雀跃的人生道路。（比如，"约翰尼，你会成为一名出色的律师。看你的思路多清晰！"）

• 有人问起孩子长大后想做什么时，你通常会代为回答。

• 孩子愿意参加某项活动（足球、戏剧等）是为了得到你的认可和爱，而不是因为发自内心地喜欢。

第十一章

通往幸福之路：
平衡工作与生活

你是否感觉工作让你疲于奔命？如果是，那你有必要解决成就成瘾的问题，并采取一些重要举措来过上平衡的生活。

我在本书中曾多次提到小组疗法。在小组中，大家可以一起讨论工作和生活中的问题。小组讨论中会反复出现一个主题——酒精成瘾者、药物成瘾者、有进食障碍或其他种类成瘾行为的人都很熟悉的一个主题：既有模式。

不过对于我们大多数组员来说，该主题与酒精、毒品或饮食并无关联，因为他们要面对的既有模式是成就成瘾。如何平衡工作和生活的方方面面？这是最重要的议题。组员们在讨论时经常痛下决心，要花更多的时间陪伴家人，了解另一半，看到孩子闪光的一面。可几个星期过后，他们却承认自己又回到了每天工作15个小时的既有模式，承认自己又开启了高强度的新项目，因为他们不允许自己有片刻的闲暇。他们没把决心贯彻下来：他们没有主动跟父母沟通，他们的另一半又开始心灰意冷，工作上的责任让他们与孩子越发疏远。

他们工作得越来越久，也越来越卖命，一项任务接着一项任务，故态复萌。既有模式激起了某些感受——不快乐、空虚、孤独和绝望，而这些感受正是他们接受小组疗法的首要原因。组员们每周都要碰头，从未间断过，大家开始把讨论小组看作"最后的机会"。至少在这里，共情比成就更重要。他们在努力改变，从追求完美转变为追求更大限度的幸福。他们在寻找自己在家庭和童年经历中缺失的东西,在探索什么能带来爱和尊重。

财富和成就并没有带来他们所需要的,所以他们开始寻找别的东西。组员们聊了各自的烦恼,而其他人都能感同身受。他们面临着相同的问题,知道是什么力量在驱使自己。这些雄心勃勃的完美主义者在倾听时,脸上浮现出一种平静。他们在别人身上看到了自己,同时也向别人更多地表露自己——他们慢慢发现了,一直以来自己缺失的是什么。

我在干预讨论时会加入一个非常重要的因素:紧迫性。我希望他们在讨论下一步的打算时,能参考下面这句简单却极为重要的话:"趁现在还来得及。"

利奥:不肯说出的误解

利奥大学一毕业就进了父亲的房地产公司工作,那年他22岁。我第一次见到利奥时,他已经三十五六岁了。因为精神一直高度紧张,他毛病很多,比如酗酒、失眠。他看上去比实际年龄要大得多。他说他"讨厌这一行"。他跟我诉苦,说行业竞争太残酷,他厌恶各种各样的应酬,烦透了每谈一笔生意都要没完没了地讨价还价。他还告诉我,为什么他夜里睡不着觉。他最担心的是自己得一直这么干下去,永远解脱不了。他觉得自己绝不能甩手不干,因为那样父亲会很失望。

身体强壮、精力充沛,这是利奥给我的印象。高中时他是明星运动员,现在身材仍然保持得很好。他不知疲倦,经常一周工作七天,从早上一直工作到下午六点甚至更晚,接着还要请客户吃饭。每周他都是一路小跑着上楼梯到我办公室,从不迟到。

生意上总有这样那样的事，他很想从中解脱，却苦于找不到办法。利奥出生于一个希腊裔家庭，他是家中长子，他觉得如果他"抛弃"父亲，家人们会失望。但他也知道，他把自己逼得太紧了。他得应酬，得招待客户，推杯换盏时，他总觉得不自在。他会喝很多酒，然后自己开车回家，这太危险了。有一回他趴在方向盘上睡着了。好在他醒得及时，否则车肯定会撞上护栏，酿成惨剧。跟我说起这件事时，他一副无所谓的样子。"我的工作本来就是这样。"他说。

利奥跟我讲起家人给他的压力，于是我请他形容一下他的父亲。利奥最开始的描述给我留下这样的印象：他的父亲坚强、沉着稳重、任劳任怨。但后来利奥向我透露了更多他们家的情况，我发现我的第一印象并不对。他不像利奥最开始描述的那样，是家庭坚实的支柱。事实上，利奥的父亲患有抑郁症，曾一度住院治疗。利奥发现，无论和父亲说什么都很困难，因为"他非常敏感"。

几个星期过去了，我发现利奥的紧张情绪只是稍微有所缓解。一天晚上，他跟我说："医生，我就是在坐牢。我讨厌这样，我不想干了。但我没法儿向父亲开口。"

我建议他见见父亲。利奥说他会考虑的。我很担心利奥。"利奥，你是在拿你的生命赌博。你每天工作十五个小时，天天如此，睡眠严重不足。如果晚上应酬要喝酒的话，你一定要让别人开车送你回家。"

他让我别太紧张。"我一直都这样，很多年了。再熬一个夏天吧。然后再跟父亲谈谈离职的事。"

六天后，我接到了利奥妻子的电话。利奥一个人开车时出了车祸。这一次他没能及时醒过来，撞上了护栏。

"他现在人在波士顿，"利奥的妻子告诉我，"正在动手术。"

利奥瘫痪了，再也走不了路了。没了他，70岁的父亲经营不下去了。

车祸几个月后，利奥来找我，给我讲述了他和父亲那场迟到的谈话。在终于聊到"该死的生意"时，利奥才发现，这些年来，其实父亲也早就不想干了，但他一直不敢说。毕竟，他也知道利奥工作得有多卖力——他"倾注了全部的心血"，生意才能这样红火。父亲以为，把公司卖了会给利奥带来沉重的打击。

"是时候放手了，"父亲跟他说，"它给我们每个人都带来了太多痛苦。"

说完利奥摇了摇头。我们沉默了许久。

"遭遇了这么多，"利奥说，"我还是没告诉父亲，我不想干了。"

成功摆脱成就成瘾的故事

这是真人真事。你必须向别人证明自己吗？如果是，你得多努力才行？你会给自己多大的压力？要承担多大的风险？如果你根本不想证明自己，而只想被接纳、被爱、被原谅呢？

我无法告诉你具体应该怎么做，因为每个人所面临的挑战和困境并不相同。但我可以告诉你，我看到有些人已经做出了重要的选择，给自己、父母、爱人和孩子传递了更好的东西。你可以看看他们是怎么做的以及自己能否从中有所收获。

卡尔：学习调节强度

我与卡尔聊了很多，他告诉我，他在学习调节强度。他需要培养这种能力，因为他总是处于两个极端，没有中间状态。作为自己公司的总裁和 CEO，他常常只顾埋头工作，要过上几个星期甚至几个月才注意到自己透支了健康、家庭关系恶化、一次又一次地犯错、无法平衡自己的情感需求与耗神又耗力的工作需求。

那他是怎么做的呢？每个星期天晚上，卡尔都会复盘他这一周的情况。"我会问自己，有没有定期锻炼、合理饮食？睡眠是否充足？是否增进了与家人之间的感情？如果答案是肯定的，那我就觉得这周的工作强度比较适中。通过这种方式，我的生活达到了前所未有的平衡。"

如果卡尔是这样的状态——"每天都是浑浑噩噩地过日子，没有在意生活中的小事"，那么周日晚上的复盘就能让他清醒过来。他会想起我们之前讨论过，以他的标准，什么事算是平凡的事。过去他只会把他宝贵的时间花在他认为重要的事上，不太关心其他小事。现在他总是提醒自己："如果每个人都愿意做这些平凡的事，那这个世界一定会大不相同。"

在复盘并试着调节强度时，卡尔对自己的看法开始改变。"我一直以为我必须大获全胜才能成为重要人物。现在我慢慢意识到，一心追求伟大扭曲了我对平凡的看法。事实上，我现在甚至不觉得每天照顾好自己的身体是件平凡之事。对我来说，这是巨大的改变。"

这对你有用吗？ 复盘一周的情况是个很好的开始，尤其是对于超负荷工作的成就成瘾者而言。这能帮助你控制好工作强度。

我们可以用卡尔的方式来看待平凡之事。散步一小时看似稀松平常，却正是你需要的。清洗碗碟、把厨房用具摆放齐整也是日常琐事，但你可以和爱人一起做。观看孩子乐队的演出并不能提升你的音乐品位，但它能让你开心，看到你来捧场，孩子也会很高兴。

如何安排时间似乎是个老生常谈的问题——要做的事太多，时间却十分有限。正因如此，卡尔的做法才会有所帮助。你可以更好地控制工作强度，调整、掌控自己的选择，实现平衡，而不是被成就成瘾支配。

朱迪：及时说出心中的爱

"小时候父亲非常爱我。"朱迪回忆说。她也深爱着父亲。"他走到哪儿我就跟到哪儿。他割草，我就拿着我的小割草机跟在他后面，他走一步，我走一步。"可后来她长成了"有自己想法的少女"，然后一切都变了。"他不想再跟我有任何瓜葛，甚至拒绝参加我的婚礼。他觉得天底下没有哪个男人能配得上我。"

父亲不认可她，也不愿意给予她爱和尊重，这是朱迪成就成瘾的一个原因。她离过两次婚，现在的丈夫是一名医生。显然，她的阶层"上升了"，她以为丈夫的职业会让同为医生的父亲很高兴，可她心里还是很痛苦。她与父亲之间的分歧似乎无法调和。她需要父亲的认可，可无论她做什么父亲都不满意。即使她终于找到了一个她以为父亲会接受的丈夫，她仍然无法从她曾经深爱的父亲那里获得认可。

那她是怎么做的呢？朱迪的父亲已经80多岁了，有一天心脏病突然发作，因为胸痛住进了医院。在赶往医院的路上，朱迪非常担心父亲的安危，她感觉多年来的怨恨和叛逆心理瞬间烟消云散了。赢得父亲的认可已不再重要，她只希望父亲能活着。"我终于明白了，我真的很爱他。"她说，"我永远无法达到他对我的期待，但我现在知道了，那是他的局限性，与我无关。"

病床上的父亲一会儿清醒，一会儿糊涂。朱迪坐在床边，回想起父亲是在怎样的家庭中长大的。"他从他父母那里没有学到什么，他根本不知道怎样跟我相处。"几个小时过后，父亲终于彻底清醒。朱迪告诉父亲，她是多么爱他。说出这句话时，她忍不住哭了出来。"在我成年后的记忆中，这是他第一次谢谢我来看他。"朱迪告诉我，"他的语气还是跟往常一样气呼呼的，但他说他也爱我。"

这对你有用吗？ 成就成瘾与完美主义如影随形，会让我们走上错误的道路。我们满怀希望地以为，只要做得足够好，最终我们会赢得父母、伴侣的爱以及老板的青睐。而追求完美主义的对立面是接纳。如果从未有人接纳过我们的行为或表现，那我们就不太可能接纳自己。

朱迪的部分经验可能对你有用。也许你需要思考一下，如果你希望从别人那里赢得爱、尊重和认可，那你是否有能力去接纳他们。人生而不完美，每个人都有自己的局限性与缺陷，每个人都是由他独特的经验塑造的。也许他们无法给予你所期待的大量的情感支持，但这是他们的性格使然，而不是因为你不好。然而，有一件事是肯定的：如果你一心一意地想要去达到他们的期望，那你的判断就会被成就成瘾扭曲。如果我们把父母、老板或任何权威人物视为能评判定夺的神祇，我们就会时刻担心引起他们的怒火，生活在恐惧中。而如果我们一直被恐惧笼罩，就无法过上平衡的生活。

莫琳：在职场外寻找接纳

与那些为了出类拔萃而勤学苦练的人一样，莫琳也有她的苦处。莫琳是交响乐团的大提琴手，是家里的独女，很小的时候就显露出音乐天赋。为了给莫琳请最好的老师，让她得到最好的培养，父母倾尽所有。起初她很喜欢拉大提琴，她觉得自己能把一件事做好会让她有种纯粹的满足感，但随着压力越来越大，她的热情开始减退。莫琳后来被著名的柯蒂斯音乐学院录取，那里的老师要求非常严格。她在学习的同时还得花很多时间去看精神科医生，以缓解她表演时的焦虑；因为关节问题，她还得去看骨科医生；此外她还要见导师，在参加紧张的排练之余，成绩也不能落下。

那她是怎么做的呢？在莫琳的治疗小组中，成就成瘾是大家共同面临的问题，她发现其他组员并不会要求她变得更完美。与她接触过的家长和老师不同，这个亲密团体的成员并不在意她是否表现得更好，也没人可以帮助她克服演出时的焦虑。事实上，大家根本不了解她的生活。大家只知道她是莫琳。她的生活充斥着成就成瘾的压力，而这里是一个安全地带。就算不拉琴了，她也可以在这里找到她在乎的人和关心她的人。就算成了全球知名的大提琴演奏家，当她回到这里时，大家也只关心她的生活，只关心她是否幸福，是否得到爱、付出爱，而不是别人对她的评价。

这种相处方式帮助莫琳在演奏中体验到了新的感觉。"每隔一段时间，"她告诉我们，"我就会彻底沉浸在我的音乐中。"莫琳的描述让我想到了心流状态，在这种状态下，没人评判她，没人看记分牌，也没人计时。她说她非常投入，甚至不会担心自己演奏得如何。那是一种非常有冲击力的体验，她丝毫未受到焦虑的影响，只是在演奏。虽然这种情况很少发生，但莫琳现在知道自己想要捕捉什么样的感觉了。"也许这就是关键所在。"

这对你有用吗？ 观察孩子第一次拿起蜡笔、吹响喇叭、发现磁铁时的情景，可以帮助你重新体会学习过程本身的意义。学习的过程是发现的过程。在这个过程中，你可能会进步，也可能不会。没人会评价你，也没人期待你表现得完美。不断地评估会破坏学习过程，使本来能给人带来愉悦的学习机会成为负担。如果你能沉浸于学习的过程，压力就会得到释放。一旦体验到其中的快乐，你就能更明智地决定要做什么、怎么做。

如果一件事能给我们带来快乐，我们自然而然会全身心地投入其中。一旦丧失了学习的乐趣，我们很容易就会丧失学习的动力。所以为了过上平衡的生活，我们需要体验这种乐趣。正如莫琳所发现的，也许这就是关键所在。

哈罗德：寻找家庭的纽带

哈罗德觉得自己就像是工作的奴隶。他是公司产品团队的经理，经验丰富、收入丰厚。在他们公司，晚餐一般是19：30送到大楼。"大家都知道，要是那时候你没在工作，没尽心尽力，那你在公司就待不了多久。"哈罗德每周工作80小时，所以与家人的关系变得疏远了。他多次扬言如果再这样下去，他就辞职。"可每当我威胁说要离开时，领导就会给我开出一堆非常诱人的条件。等到手头的项目完成或产品面市了，我可以随便挑一样。项目完成了才能成为大赢家。如果项目没完成，那我就再也没有机会参与更多极有吸引力、极具挑战性的项目了。他们还会这样跟我说：'哈罗德，坚持把这个项目做完，等到产品面市，你就能拿到很多钱。'"

哈罗德说他不愿意放弃那些钱，但这还不是最糟的。"真正叫我难受的是，"他说，"我对手下的员工使的是同样的伎俩。要是有人想走，我会拿老板对付我的方法对付他们——拿钱当诱饵。我知道他们不会走。他们和我一样有野心。我知道他们的目标，知道他们的宏伟梦想。我知道只要我不想让他们走，他们就会一直待在这里，只要我开的价格合适，他们每次都会把家人撇在一边。"

哈罗德小的时候，父亲很喜欢跟孩子们说起橄榄球教练文斯·隆巴迪的那句名言："赢不是一切，而是唯一。"不用说，这句话一直陪伴着哈罗德，并被他奉为格言，可现在这句话成了诅咒。要知道，父亲有五个孩子，不止他一个。大姐伊迪丝智力发育迟缓。

那他是怎么做的呢？哈罗德回到克利夫兰看望父亲，他和兄弟们喝了点啤酒，一起观看了布朗队的比赛。他又和大姐聊了聊，这场谈话非常重要。在哈罗德成长的过程中，姐姐是令人尴尬的存在。父亲总想让"聪明"的孩子尽量与有智力障碍的孩子保持距离，他的愿望实现了。"我知道父亲的意思。"哈罗德回忆说，"说实话，我觉得他没错。为什么我们不能出人头地？为什么我们兄弟几个要和姐姐一样？说起来很惭愧，但这是实话，我处处躲着她，因为我怕她丢我的脸。"

与小时候相比，现在哈罗德和大姐聊得更多了，而且他会主动帮忙照顾大姐。哈罗德的孩子开始慢慢了解原本陌生的伊迪丝姑妈，并且与他更亲近了。孩子们开始发现冷漠的父亲的另一面，以前他们根本没机会看到这样的父亲。

这对你有用吗？ 找到"案发现场"并重返现场，一定能帮助你发现自己。这绝不是弗洛伊德式的思维反刍，而是发现成就成瘾根源的方法。如果你想了解你为什么会有现在的行为方式，你就必须找到自己行为的根源。只有这样，你才能对你目前的关系和未来的行为做出审慎的判断和决定。

特蕾莎：接受自己从未期待过的共情

父亲去世时，特蕾莎正在法学院读二年级。她请了几天假，因为她要参加父亲的葬礼，陪伴家人。她当时只能做这么多。考试在即，同学们已经开始研究未来的职业方向，而特蕾莎有机会在法律杂志主刊上发表文章。

首先，她觉得这是父亲希望她做的事。她的家庭传统是"做得不好就是不好，没有任何借口"。她很清楚父亲会怎么说。

"他会告诉我,要全力以赴,好好工作。他还会告诉我,绝对不能因为任何理由中途放弃。"而母亲也是同样的态度。在她看来,失败同样没有任何借口。

父亲去世几个月后,特蕾莎的内心一直在挣扎。她打算退学,却又觉得恐惧。"我很害怕妈妈生气,我怕失去她。就连想到她会生我的气都令我无法承受,我完全接受不了她对我很失望。"

当院长喊特蕾莎去办公室时,她更害怕了。周末两天,特蕾莎的恐惧越来越强烈。她提心吊胆地想到,如果父亲还在,他一定会大发雷霆,冲她吼道:"特蕾莎,你怎么能半途而废!不要轻易放弃!"母亲则会说:"别给自己的失败找借口。"

周一早上,她来到院长办公室,没想到院长看起来一点也不生气,言语间甚至没有一丝责备的意思。"她很善解人意,也很亲切,不知怎的我哭了。"特雷莎说,"这并不是因为她关心我,而是因为前两天夜里我根本没合眼,担心我会让她失望至极。可情况根本不是那样。她告诉我,她知道我很优秀。她说:'特雷莎,有时生活会来个大转弯,我们必须做出调整。'"

那她是怎么做的呢?特蕾莎和院长的会面与她之前和权威人物接触的经历完全不同。事实上,那次会面给了她一个机会,让她重新审视自己的信念,并最终看到,什么才能真正带来爱和尊重。原来大家这么有同情心!她完全没料到这一点:"我以为别人会像我父母那样对我,可事实恰恰相反。我浪费了那么多时间,努力让自己变得完美,以赢得人们的青睐,而他们却只希望我能做我自己。我难以相信,我一直在逃避的东西竟然让我变得更有魅力了。"

理智上，特蕾莎已经明白了这一点。但在遇到把她的感受放在第一位、把她的成就放在第二位的院长之前，特蕾莎缺少能真正撼动她信念体系的生活经验。

这对你有用吗？ 善解人意的院长、和蔼可亲的老师、思想开明的老板或关心学生成长的导师是可遇而不可求的。所以当好的时机出现时，一定要敞开心门。这些人与你建立的关系可能会推翻你对权威人物的成见，前提是你必须处于接纳的状态。成就成瘾的成因可以追溯到一个人早年的经验与成长环境，而这两者对这个人的观念、信念和行为的影响非常大，因此他很难不带预设立场地与人建立新的关系。

如果有人尊重你，如果有人看重的是你的努力而不是你的成就，接受你局限性的同时也认可你的能力，你就能感受到人与人之间的联结，这种体验会给你带来极大的冲击。在成就成瘾的束缚下，你不能自由地做自己，没法儿自由地跌倒，也没法儿自由地展示真实的自己。好在一切可以改变。那些观察你、评判你的人也许初衷是好的，而那些帮助你、关心你、不强迫你达到预期结果的人同样是出于善意。

没必要故作坚强。有几位组员告诉特蕾莎，如果面对父亲的故去她还能做到从容不迫，他们会觉得与她失去了联结。但如果他们看到的是更真实的画面，他们会觉得与她更亲近：这个年轻的女子因为失去了父亲而悲恸，她白天努力照顾母亲，晚上去法学院学习。这时候他们看到的是一个不堪重负的、有血有肉的人。

也许新的人际关系正是打造平衡的生活所需要的。你必须敞开心门，主动去结识新的朋友，也就是说，你得认识到成就成瘾的症状和根源。有人能够认可真实的你，认可你的需要——要想认识到这一点，你需要信念上的极大转变。

在悲伤中成长

深受爱戴的波士顿精神分析学家埃尔文·塞姆拉德（Elvin Semrad）称，难过和悲伤是"成长所需的维生素"。他还说"由犯错产生的悲伤是学习的唯一动力，重要的是不要浪费这种动力"。

在本书的结尾处谈及悲伤，这似乎会打击大家的积极性，但我认为塞姆拉德洞见了真相。我也发现，与成就成瘾抗争的人不太会处理悲伤情绪。他们担心悲伤会拖累他们，让他们抑郁，让他们没精力继续追名逐利。而令人意想不到的是，那些接纳悲伤的人可以借此帮助自己正确地看待生活。

显然，悲伤不是通往高等学府的跳板，也不能帮助你提高技能、掌握新的策略。然而它能激励你学习如何适应变化，如何以不同的方式看待世界。悲伤可以帮助你接受不符合成就成瘾信仰的行为，直面盲区，并与他人建立更紧密的联结。悲伤不是抑郁。它是一种情绪信号，可以让你放慢脚步，进行反思，消化掉心中的失望，重新集中注意力并继续前进。事实上，如果不去感受悲伤，悲伤就会变成抑郁，耗尽你的精力，最终让你错失重要的学习机会。

成为终身学习者

马尔科姆·诺尔斯（Malcolm Knowles）是成人教育领域的重要专家，他阐述过他对主动学习的看法。所谓主动学习，就是要发展能够适应变化的技能，而被动学习是被动地获取信息，而不发展探究的手段。诺尔斯认为，主动学习所需要的是精神分析学家海因茨·科胡特（Heinz Kohut）所说的"内聚性的自我意识"（cohesive sense of self）。这种自我意识"能让个体的身份具有内在的一致性，同时也允许个体在面对变化时合理地管理焦虑，换句话说，个体会有这样的信念——通过发挥主动性、积极性和良好的自我引导，他可以驾驭新的挑战，并将学到的新内容整合吸收，以此不断发展"。

你可以处理好成就成瘾问题并借此产生这种内聚性的自我意识，而内聚性的自我意识能让你成为主动的终身学习者。凡是在潜意识层面被成就成瘾推着走，却不能直面成就成瘾的人，基本上每次遇到变化时都会被甩开。对于被成就成瘾束缚的人来说，变化是一种威胁而不是喜闻乐见之事，因为它不断地提醒他们，他们是不完美的，无法左右最终结果。（对于意外和事故造成的混乱局面，成就成瘾者通常会咒骂抱怨，对于无法避免的人类缺点，他们同样如此。）

正如我在讨论完美主义时所言，成就成瘾者的完美主义是适应不良的完美主义。这是对自卑感的一种防御机制，但这根本不起作用。完美主义会助长有条件的自我价值感，也就是说，你的价值取决于其他人的认可，而不是取决于内聚性的自我意识，而内聚性的自我意识又是主动学习和适应性行为所需要的。

当自我价值完全取决于成就、地位、表现、金钱或物质财富时，失去其中的任何一样都会侵蚀自我价值感。成就成瘾者主要依赖的是外部的价值衡量标准，却无法由内而外地做出改变。而这又会助长孤独感，比如导致糟糕的婚姻、与家人和朋友产生隔阂、沉迷于实利主义和表象、与他人渐行渐远。

　　我认为我们应该成为终身学习者，这不仅是为了体验生活的意义，也是为了继续发现生活中的奇迹。我们必须不断地发现生活，而不是主宰生活。为了学习，你需要从内心深处明白，错误是难免的。犯错并不代表你是个失败者。

　　无论在什么时候，你都必须逃避悲伤、避免犯错、不懈奋斗——可能正是这样的错误观念造成了你的痛苦。成就成瘾是一条想要获得满足和爱却徒劳无功的道路。如果它仍然是你人生的驱动力，那你肯定无法坦然面对真实的自己。竞争、奋斗、获得个人成长和职业成长无可厚非——事实上，发挥才能非常重要。但在生活的方方面面发挥出潜力并不等同于成就成瘾。一旦成就成瘾掌控了你，你的潜力就会被削弱，而不是得到增强。

　　正如我们所看到的，成就成瘾的影响会渗透到家庭、生活和工作的各个方面，体现在我们接受教育、在职场打拼和结交朋友的细节中。以成败论英雄、论地位，在社会中随处可见，无人幸免。

　　但我们已准备好把自己看作被高度重视的个体。如果你真的对自己有信心，你的信心就会在你日常做的平凡之事中体现出来。你对自己更深层的尊重体现在你有能力一直照顾自己和你身边的人上。这种能力是基础。有了这种基础，你这一生就可以取得真正的、有益于健康的成就。

【工具箱9：制订摆脱成就成瘾的规划】

结合你在本书中学到的东西，尽可能诚实地描述，你认为在生活和工作中取得成功的条件是什么。把你现在的状况与你的描述对比一下。为了让自己朝着你认为的充实且平衡的生活前进，你会致力于做出哪些改变？你会与哪个最亲近的人分享这些信息？鼓起勇气，开始你的旅程吧！

致　谢

　　这本书的核心是说明关系的力量和价值。我很幸运，工作这些年来，尤其是在创作本书时，家人和朋友给了我许多爱和支持。

　　感谢我的妻子凯伦。在工作上你一直非常信任我，同时你也给予全家人鼓励、爱和支持，让我们的生活保持平衡。你的建议富有洞见，帮助我改进了文本，谢谢你的耐心和支持，让我可以专心创作。你一直都知道，关心家人和朋友，爱和尊重的大门就会打开。再次感谢你的忠诚与真诚。

　　感谢我的女儿们。"爸爸"是我这辈子获得的最棒的头衔。艾丽卡，是你照亮了我们的家，提醒我们要享受人生的乐趣。你热爱跳舞、唱歌，享受生活，让我明白快乐是健康生活的关键因素。你是那么幽默搞笑，总能让我一天的烦恼烟消云散。阿莱娜，你是个小棉袄，总是那么关心我们，让我每天都精神振奋。我非常感谢你对我工作的兴趣，我们就成就成瘾问题长谈了很多次。在我撰写《成就成瘾影响下的自我价值感：容貌焦虑如何毁掉我们的自信》一章时，你们做了一些研究，给了我很多帮助，非常感谢。你们俩都有独特的天赋，可以为心理学做些贡献，作为你们的父亲，我很骄傲。

感谢我的合作者和朋友埃德·克拉夫林。感谢上帝，我的经纪人简·迪斯特尔建议我们一起工作。你做了多年的编辑和作家，这本书的每一页无不体现出你丰富的经验。你有着出色的洞察力和智慧，也能把故事讲得格外动人。此外，你和蔼可亲，在创作本书的过程中，你温和地指导我，让整个过程非常愉悦。希望我们今后能长期合作。

感谢我的经纪人简·迪斯特尔。感谢你的支持、坚韧和智慧。你对出版界非常了解，对工作也很有热情。从我一开始萌生写这本书的念头到最终交稿，你对我一直很有信心。你丰富的专业知识和经验是这个项目的支柱。

感谢简的搭档米里亚姆·戈德里奇。感谢你对本书出版方案所做的宝贵贡献。事实证明，扬基队和红袜队的球迷也可以一条心。①

感谢约翰·威利父子出版公司的执行编辑汤姆·米勒。你的建议使书稿有了很大的改进，在此我表示谢意。你厘清了一些重要概念，使本书更具可读性。你建议我在书中加入"自我评估"，这样读者就可以自己操作实践，而不只是被动地阅读。

---

① 纽约扬基队与波士顿红袜队自建队至今一直都在同一个分区（美联东区），根据棒球大联盟的赛制，争夺世界大赛的冠军时，只有一个队能出线，因此两支队伍的球迷素来不和。——译者注

感谢高级制作编辑丽萨·伯斯蒂纳和德沃拉·K.尼尔逊以及文字编辑玛丽·多里安仔细地审校了书稿。

非常感谢我的家人和朋友,你们一直很支持我写作,尤其是在过去的几年里。感谢珍妮丝·布莱克勒和吉米·布莱克勒、玛丽·乔拉米卡利和菲尔·乔拉米卡利、多琳·康斯坦丁诺和布莱恩·康斯坦丁诺、安·迪维托里奥和多克·迪维托里奥、奥尔加·迪维托里奥和弗兰克·迪维托里奥、珍妮·菲茨帕特里克和马克·菲茨帕特里克、丽萨·古列尔米、乔安·纳斯特里和德鲁·纳斯特里、格里·泰西奇尼和理查德·泰西奇尼以及帕特·泰西奇尼、琳达·汤普森和肯·汤普森、黛安·维尔纳和理查德·维尔纳、唐娜菲利普·伍德和菲利普·伍德。

感谢我最喜欢的两个年轻人,凯尔西·菲茨帕特里克和米哈拉·菲茨帕特里克。你们让新英格兰的每一天都充满阳光。

感谢我的父母,卡米和老亚瑟,你们并没有离开我,一直活在我的心里。谢谢你们教会我什么是真正的爱。我每天都与别人分享你们的教诲。

感谢我的同事和朋友们——鲍勃·切尔尼博士及其妻子玛丽·艾伦,还有教育学博士瓦莱丽·索耶-史密斯和彼得·史密斯。特别感谢我哈佛的同事——健康服务中心主任、医学博士理查德·卡迪森以及哈佛家庭与成瘾项目中心主任蒂姆·奥法雷尔博士。感谢我的老朋友和精神导师理查德·弗莱克牧师。

最重要的是,感谢我所有的来访者。陪伴你们一起走向更健康的道路是我的荣幸。特别感谢接受小组疗法的组员们,你们是我的老师。你们勇敢地追求平衡的生活与平和的心境,我为你们感到自豪。

延伸阅读

推荐书目

Albom, Mitch. *Tuesdays with Morrie: An Old Man, a Young Man, and Life's Greatest Lesson.* New York: Doubleday, 1997.

Braun, Stephen. *The Science of Happiness: Unlocking the Mysteries of Mood.* New York: John Wiley, 2000.

Brody, Howard. *The Placebo Response: How You Can Release the Body's Inner Pharmacy for Better Health.* New York: Harper Collins, 2000.

Ciaramicoli, Arthur, and Katherine Ketcham. *The Power of Empathy: A Practical Guide to Creating Intimacy, Self-Understanding, and Lasting Love.* New York: Plume, 2001.

Cooper, Kenneth. *It's Better to Believe.* Nashville: Thomas Nelson, 1995.

Cox, Harvey. *Common Prayers: Faith, Family, and a Christian's Journey through the Jewish Year.* Boston: Houghton Mifflin, 2001.

Damasio, Antonio. *Descartes' Error: Emotion, Reason, and the Human Brain.* New York: G. P. Putnam's, 1994.

———. *The Feeling of What Happens: Body and Emotions in the Making of Consciousness.* New York: Harcourt Brace and Company, 1999.

Dodes, Lance. *The Heart of Addiction.* New York: Harper Collins, 2002.

Dossey, Larry. *Healing Words.* San Francisco: Harper Collins, 1993.

Effron-Potter, Ron, and Pat Effron-Potter. *Letting Go of Anger: The 10 Most Common Anger Styles and What to Do about Them.* Oakland, Calif.: New Harbinger Publications, 1995.

Forni, P. M. *Choosing Civility: The Twenty-Five Rules of Considerate Conduct.* New York: St. Martin's Press, 2002.

Frankl, Victor. *The Will to Meaning*. New York: Plume, 1969.

Fromm, Erich. *The Art of Loving*. New York: Harper and Row, 1956.

Fumento, Michael. *The Fat of the Land: The Obesity Epidemic and How Overweight Americans Can Help Themselves*. New York: Viking, 1997.

Gibran, Kahil. *Broken Wings*. Trans. Juan Cole. New York: Penguin, 1998.

———. *A Tear and a Smile*. Trans. H. M. Nahmed. New York: Knopf, 1950.

Gleick, James. *Faster: The Acceleration of Just About Everything*. New York: Vintage, 2000.

Goleman, Daniel. *Emotional Intelligence: Why It Can Matter More Than IQ*. New York: Bantam, 1995.

———. *Working with Emotional Intelligence*. New York: Bantam, 1998.

Gottman, John, with Nan Silver. *The Seven Principles for Making Marriage Work: A Practical Guide from the Country's Foremost Relationship Expert*. New York: Three Rivers Press, 1999.

Grayson, Jonathan. *Freedom from Obsessive Compulsive Disorder: A Personalized Recovery Program for Living with Uncertainty*. New York: Jeremy P. Tarcher/Penguin, 2003.

Haas, Elton. *Staying Healthy with Nutrition: The Complete Guide to Diet and Nutritional Medicine*. Berkeley: Celestial Arts, 1993.

Hanh, Thich Nhat. *Living Buddha, Living Christ*. New York: Riverhead Books, 1995.

Horbacher, Marya. *Waisted: A Memoir of Anorexia and Bulimia*. New York: Harper Perennial, 1998.

Kabat-Zinn, Jon. *Wherever You Go There You Are*. New York: Hyperion, 1994.

Kasser, Tim. *The High Price of Materialism*. Cambridge, Mass.: MIT Press, 2002.

Keen, Sam. *To Love and Be Loved*. New York: Bantam, 1997.

Knowles, M., and C. Clevins. *Materials and Methods in Adult and Continuing Education*. Los Angeles: Klevins, 1987.

Lewis, Thomas, Fari Amini, and Richard Lannon. *A General Theory of Love.* New York: Random House, 2000.

Maslow, Abraham. *The Farther Reaches of Human Nature.* New York: Viking, 1971.

Miller, Alice. *The Drama of the Gifted Child: The Search for the True Self.* New York: Basic Books, 1994.

———. *The Untouched Key: Tracing Childhood Trauma in Creativity and Destructivness.* New York: Doubleday, 1990.

Myers, David. *The American Paradox: Hunger in an Age of Plenty.* New Haven, Conn.: Yale University Press, 2000.

Norgay, Jamling Tenzing. *Touching My Father's Soul: A Sherpa's Journey to the Top of Everest.* New York: Harper Collins, 2001.

Ornish, Dean. *Love and Survival: 8 Pathways to Intimacy and Health.* New York: Harper Perennial, 1998.

Pelletier, Kenneth. *Sound Mind—Sound Body.* New York: Simon and Schuster, 1994.

Prather, Hugh. *Notes to Myself: My Struggle to Become a Person.* New York: Bantam, 1983.

Rowe, John, and Robert Kahn. *Successful Aging: The MacArthur Foundation Study Shows You How the Lifestyle Choices You Make Now—More than Heredity—Determine Your Health and Vitality.* New York: Pantheon Books, 1998.

Slaney, Robert B., Kenneth G. Rice, and Jeffrey S. Ashby. "A Programmatic Approach to Measuring Perfectionism: The Almost Perfect Scales." In *Perfectionism: Theory, Research, and Treatment,* ed. Gordon L. Flett and Paul L. Hewitt. Washington, D.C.: American Psychological Association, 2002.

Thayer, Robert. *Calm Energy: How People Regulate Mood with Food and Exercise.* New York: Oxford University Press, 2001.

Washton, Arnold, and Donna Boundy. *Willpower Is Not Enough: Recovering from Addictions of Every Kind.* New York: Perennial, 1990.

Williams, Redford, and Virginia Williams. *Anger Kills: 17 Strategies for Controlling the Hostility that Can Harm Your Health.* New York: Harper Collins, 1993.

网站

American Holistic Health Association
ahha@healthy.net
A comprehensive Web site devoted to all aspects of health, featuring the Medline search engine, which gives access to international articles on health topics.

American Psychological Association
www.apa.org
Features articles that highlight the latest advancements in psychological research on a variety of subjects.

American Society for Addiction Medicine
www.asam.org
Specializes in educating and improving treatment for all addictions.

Anxiety Disorders Association of America
www.adaa.org
Provides access to the latest research findings and treatments of anxiety disorders.

Association for Humanistic Psychology
www.ahpweb.org
Provides access to relevant journals, bibliographies, and related Web sites.

Health Emotions Research Institute
www.healthemotions.org
Accents how positive emotions influence the body, prevent disease, and increase overall resiliency.

Internet Mental Health
www.mentalhealth.com
Comprehensive information on a variety of mental disorders.

Obsessive Compulsive Foundation
www.ocfoundation.org
Provides current information about the treatment of obsessive-compulsive disorder, as well as information about support groups throughout the world.

Research Matters (Harvard Medical School)
www.researchmatters.harvard.edu
Explores state-of-the-art Harvard research findings in the areas of mind, body, and society.

时事通讯

Blues Buster: The Newsletter about Depression
P.O. Box 52021
Boulder, CO 80321-2021
A plainly written newsletter with interesting articles about the origins of depression. The editors discuss recent treatment strategies and effective suggestions to help people begin coping differently. They accent the interpersonal aspect of depression, as well as featuring articles on the nutritional component of low moods.

Harvard Mental Health Letter
P.O. Box 420448
Palm Coast, FL 32141-0448
An excellent resource dealing with all areas of mental health. This letter provides updates from the leading clinicians and theoreticians in the United States. It is written in a practical, easy-to-understand style.

Tufts University Health and Nutrition Letter
P.O. Box 420235
Palm Coast, FL 32142-0235
The Tufts newsletter addresses all aspects of health, featuring experts from one of the leading nutrition schools in the United States. This clearly written letter discusses the latest developments in maintaining comprehensive health.

University of California, Berkeley, Wellness Letter
P.O. Box 420148
Palm Coast, FL 32142
An exceptional newsletter addressing media coverage of nutrition, fitness, and self-care. This newsletter is recommended for anyone who is interested in the most recent definitive findings on health topics.